Matthias Stickel

Planung und Steuerung von Crossdocking-Zentren

Wissenschaftliche Berichte des
Institutes für Fördertechnik und Logistiksysteme
der Universität Karlsruhe (TH)
Band 69

Planung und Steuerung von Crossdocking-Zentren

von
Matthias Stickel

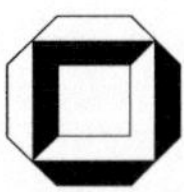

universitätsverlag karlsruhe

Dissertation, Universität Karlsruhe (TH)
Fakultät für Maschinenbau, 2006
Referenten: Prof. Dr.-Ing. Kai Furmans, Prof. Dr. rer. pol. Werner Rothengatter

Impressum

Universitätsverlag Karlsruhe
c/o Universitätsbibliothek
Straße am Forum 2
D-76131 Karlsruhe
www.uvka.de

Dieses Werk ist unter folgender Creative Commons-Lizenz
lizenziert: http://creativecommons.org/licenses/by-nc-nd/2.0/de/

Universitätsverlag Karlsruhe 2006
Print on Demand

ISSN: 0171-2772
ISBN-13: 978-3-86644-084-5
ISBN-10: 3-86644-084-7

Planung und Steuerung von Crossdocking-Zentren

Zur Erlangung des akademischen Grades eines

Doktors der Ingenieurwissenschaften

von der Fakultät für Maschinenbau
der Universität Karlsruhe (TH)
genehmigte

Dissertation

von

Dipl.-Ing. Matthias Stickel

aus Bad Dürkheim

Tag der mündlichen Prüfung:	24. Oktober 2006
Hauptreferent:	Prof. Dr.-Ing. Kai Furmans
Korreferent:	Prof. Dr. rer.pol. Werner Rothengatter

Vorwort

Die vorliegende Arbeit entstand während meiner Tätigkeit als wissenschaftlicher Mitarbeiter am Institut für Fördertechnik und Logistiksysteme der Universität Karlsruhe (TH).

Ich bedanke mich bei Herrn Prof. Dr.-Ing. Kai Furmans, Inhaber des Lehrstuhls Logistik am Institut für Fördertechnik und Logistiksysteme, für die Übernahme des Hauptreferates und dass er mir die Möglichkeit gegeben hat, eigenverantwortlich zu arbeiten, was maßgeblich zum Gelingen dieser Promotion beigetragen hat.

Herrn Prof. Dr. rer.pol. Werner Rothengatter, mit dem ich bereits in den Forschungsprojekten MOSCA und OVID zusammenarbeiten durfte, danke ich für die eingehende Durchsicht des Manuskripts sowie für die Übernahme des Korreferates.

Meinen Kollegen und Freunden danke ich für ihre wertvollen Anregungen und die mühsame Korrektur der Arbeit. Auch möchte ich mich bei den oft vergessenen Diplom- und Studienarbeitern bedanken, ohne die eine Promotion meist nicht möglich wäre. Hierbei möchte ich vor allem Herrn Mark Metzelaers und Frau Claudia Walter erwähnen.

Mein ganz besonderer Dank gilt meiner Lebensgefährtin Diana für ihre fortwährende Motivation und Unterstützung sowie meinen Eltern für das Vertrauen, das sie in mich gesetzt haben.

Karlsruhe, im November 2006   Matthias Stickel

Kurzfassung

Matthias Stickel

Planung und Steuerung von Crossdocking-Zentren

In dieser Arbeit werden zwei Verfahren zur operativen Planung und Steuerung von Crossdocking-Zentren entwickelt und bewertet. Ausgangspunkt ist eine umfassende Untersuchung der operativen logistischen Prozesse im Rahmen der Distributionstechnik Crossdocking, bei der die An- und Auslieferungen zeitlich und mengenmäßig so koordiniert werden müssen, so dass die ankommenden Waren direkt nach dem Eingang umsortiert und kundenbezogen auf die ausliefernden Transportmittel geladen werden können.

Die Aufarbeitung der wissenschaftlichen Literatur hat ergeben, dass bisherige Arbeiten sich entweder mit strategischen Fragestellungen beschäftigen oder nur Lösungen zu operativen Teilproblemen bieten, wobei Abhängigkeiten mit vor- und nachgelagerten Prozessen vernachlässigt werden. Schwerpunkt dieser Arbeit ist eine Modellierung aller planungsrelevanten Prozesse mit dem Ziel, eine effiziente und kostengünstige Warendistribution im Sinne des Supply Chain Managements zu erreichen. Besondere Aufmerksamkeit erhalten dabei Aspekte von Logistik-Kooperationen, da diese Art und Umfang der verfügbaren Informationen und die Umsetzbarkeit der getroffenen Entscheidungen beeinflussen. Weiterhin wird erläutert, wie externe Logistikdienstleister zur Steuerung von Crossdocking-Zentren eingesetzt werden können und es werden zwei Planungsszenarien definiert. In der vorliegenden Arbeit werden daraus ein zentral-hierarchischer und ein dezentral-heterarchischer Planungsansatz abgeleitet.

Im zentral-hierarchischen Verfahren werden alle planungsrelevanten Prozesse in einem einzigen gemischt-ganzzahligen linearen Programm modelliert. Diese umfassen die Abholung der Waren von den Lieferanten, den interne Warenumschlag sowie die Distribution der Waren zu den Kunden. Dabei ist das Ziel, eine kostenminimale Lösung mittels des Lösungsverfahrens *Branch-and-Bound* zu ermitteln.

Im dezentral-heterarchischen Verfahren wird die Torbelegungsplanung am Crossdocking-Zentrum als Schnittstelle dezentraler Planungsbereiche identifiziert und als Ressourcenallokationsproblem interpretiert. Dieses wird mit Hilfe eines *Vickrey-Clarke-Groves-Mechanismus* gelöst, indem Zeitfenster an den Abfertigungstoren mittels einer kombinatorischen Auktion alloziert werden. Dabei entsteht das ganzzahlige lineare Optimierungsproblem der *Winner Determination*, das ebenfalls mit Hilfe des Verfahrens Branch-and-Bound gelöst wird.

Für die Evaluierung beider Verfahren hinsichtlich ihrer Leistungs- und Einsatzfähigkeit im operativen Bereich werden umfangreiche Testdaten erzeugt, um auch weitere Arbeiten zu

"

diesem Thema vergleichbar machen zu können. Die Experimente zeigen, dass das zentral-hierarchische Verfahren nur begrenzt zur Planung operativer Prozesse eingesetzt werden kann. Die Problemkomplexität nimmt sehr schnell stark zu, so dass sehr lange Rechenzeiten benötigt werden. Im Gegensatz dazu erweist sich die Anwendung kombinatorischer Auktionen als sehr erfolgreich und das dezentral-heterarchische Verfahren kann zur operativen Planung und Steuerung von CDZ eingesetzt werden. Hierdurch lassen sich die operativen Kosten in der Tourenplanung deutlich senken und es wird ein reibungsloser Ablauf der logistischen Prozesse im Crossdocking-Zentrum ermöglicht. Diese Dissertation leistet damit einen Beitrag, die Schwierigkeiten der operativen Planung und Steuerung von Crossdocking-Zentren zu überwinden, damit es Unternehmen möglich ist, die Potenziale dieser Distributionstechnik besser ausschöpfen zu können.

Abstract

Matthias Stickel

Planning and control of crossdocking centers

In this doctoral thesis two methods for operational planning and control of crossdocking centers are developed and evaluated. Starting point is a comprehensive investigation of the operational logistic processes in the context of the distribution technique crossdocking, within which the delivery and distribution of goods must be coordinated temporally and quantitatively in such a way, so that the arriving goods can be re-sorted and transhipped directly after their arrival according to customer specifications.

The review of the scientific literature showed, that previous works either specialize on strategic aspects or only give solutions to partial facets of operational problems, while dependencies with predecessing or successing processes are generally neglected. Focus of this work is the modelling of all relevant processes and it aims at an efficient and cost-effective distribution of goods. For the purpose of Supply Chain Management, aspects of logistical cooperations are given special attention, since these influence character and amount of available information as well as the utilizability of the reached decisions. Furthermore it is explained how third-party logistics service providers can be utilized for planning and control of crossdocking centers and two planning scenarios are defined. Based on these scenarios a centralized-hierarchical and decentralized-heterarchical planning approach are derived.

Within the centralized-hierarchical planning method all relevant processes are modelled within one mixed-integer program. This includes the pick-up of goods from the suppliers, the transhipment inside the crossdocking center, as well as the distribution to the customers. The method aims at finding a cost-minimal solution and applies a *Branch-and-Bound* solution technique.

The decentralized-heterarchical planning method identifies the dock door assignment at the crossdocking center as an interface of decentral planning domains and interprets this as a resource allocation problem. This is solved using a *Vickrey-Clarke-Groves-Mechanism*, in which time slots at the dock doors are allocated by means of a combinatorial auction. Here, the integer problem of *Winner Determination* arises, which again is solved by applying a Branch-and-Bound solution technique.

In order to evaluate both methods with regard to their performance and utilizability in operational planning extensive test data is generated, also to make future works on this topic comparable. Experiments show, that the centralized-hierarchical method is very limited in its use for planning operational processes. The problem complexity rises quickly, which demands large computational effort. By contrast, the application of combinatorial auctions proved itself as very succesful and the decentralized-heterarchical method can be utilized in the operational planning and control of crossdocking centers. By doing so, cost for vehicle routing can be reduced tremendously and a smooth transhipment process becomes possible. Thereby this doctoral thesis contributes to overcome problems in the operational planning and control of crossdocking centers and enables companies to further exploit the potentials of this distribution technique.

Inhaltsverzeichnis

Abbildungsverzeichnis

Tabellenverzeichnis

Abkürzungsverzeichnis

3PL	3rd Party Logistics Provider
CD-WDP	Crossdocking Winner Determination Problem
CD-WDPRP	Crossdocking Winner Determination Problem mit Reservierungspreisen
CDSP	Crossdocking Scheduling Problem
CDZ	Crossdocking-Zentrum
CLP	Constraint Logic Programming
CPFR	Collaborative Planning, Forecasting and Replenishment
CVM	Common Value Model
CWLP	Capacitated Warehouse Location Problem
EA	Efficient Assortment
ECR	Efficient Consumer Response
EP	Efficient Promotion
EPI	Efficient Product Introduction
ER	Efficient Replenishment
FCFS	First-Come-First-Served
FTL	Full-Truckload
GVA	Generalized Vickrey Auction
HTTP	Hypertext Transfer Protocol
JIS	Just in Sequence
JIT	Just In Time
JSP	Job-Shop Scheduling Problem
KEP	Kurier-Express-Post
LDL	Logistikdienstleister
LTL	Less-than-truckload
MAS	Multi-Agenten-System(e)
MBKP	Multidimensional Binary Knapsack Problem
MIP	Mixed Integer Programming
PDPTW	Pick-up and Delivery Problem with Time Windows
POS	Point of Sale
PVM	Private Value Model
RFID	Radio Frequency Identification
SP	Synchronized Production
SPP	Set Packing Problem
VAS	Value Added Services
VCG	Vickrey-Clarke-Groves
VMI	Vendor Managed Inventory

1 Einleitung

Unternehmen sehen sich heutzutage immer mehr als Glied einer komplexen und weitreichenden logistischen Kette - der *Supply Chain*. Diese Sichtweise ist korrekt, da es heutzutage kaum ein Unternehmen mehr gibt, das seine Produkte an einem Ort herstellt und dort vom Kunden abholen lässt. Die konsequente Reduktion der Fertigungstiefe der letzten 20 Jahre einerseits und die gestiegenen Erwartungen der Kunden an Lieferzeit und Lieferservice andererseits haben logistische Netzwerke entstehen lassen, die einen enormen Planungsaufwand erfordern und bei rein lokaler Sichtweise nicht mehr kostenoptimal betrieben werden können.

Nach der erfolgreichen Einführung des *Just-In-Time*-Prinzips *(JIT)* in der Automobilindustrie wurde Mitte der 90er Jahre im Bereich der Handelslogistik das *Efficient Consumer Response*-Prinzip *(ECR)* entwickelt. Dabei wird analog zum JIT-Prinzip das Ziel verfolgt, Waren zur richtigen Zeit, in der richtigen Menge an den richtigen Ort zu bringen, um so die Kundennachfrage bei gleichzeitig möglichst niedrigen Lagerbeständen effektiv befriedigen zu können.

Die bestehende und weiter zunehmende Komplexität logistischer Netze macht es heutzutage unmöglich, die zu beschaffenden bzw. auszuliefernden Produkte wirtschaftlich mittels eines Direkttransportnetzes - also direkt vom Produktionsstandort zum Endkunden - zu transportieren. Daher besitzt jede Supply Chain[1] Knotenpunkte, an denen Warenströme konsolidiert, verzögert und wieder verteilt werden, was oft auch mit einem Wechsel der Transportgefäße und -mittel einhergeht. Dadurch können im Transportnetz Kostenreduktionen durch höher ausgelastete Transportfahrzeuge sowie in der Lagerlogistik durch automatisierte Lager realisiert werden. Werden an einem Knotenpunkt gezielt Bestand vorgehalten und eventuell weitere logistische Aktivitäten (z.B. Etikettierung, Konfektionierung oder kleinere Montagetätigkeiten) durchgeführt spricht man von einem *Distributions-* oder *Verteilzentrum*.

Der Warenbestand im Lager des Distributionszentrums entkoppelt die vor- und nachgelagerten Prozesse zeitlich und mengenmäßig, sodass diese Prozesse voneinander unabhängig werden. Gezielte Bestandshaltung widerspricht aber dem Ziel der ECR. Somit ist es nur verständlich, dass im Zuge der Durchsetzung von ECR die Forderungen gestellt wurden, Waren zeitnah an Konsolidierungspunkte zu liefern und diese direkt nach dem Warenumschlag weiter zu transportieren. Diese Distributionstechnik des bestandslosen Warenumschlags wird als *Crossdocking*, der Umschlagpunkt selbst als *Crossdocking-Zentrum (CDZ)* bezeichnet. Ziele des Crossdockings sind die Vermeidung von Lagerbeständen und kurze Wiederbeschaffungszeiten bei gleichzeitig hoch ausgelasteten Transporten.

---

[1]Im Folgenden ist mit dem Begriff *Supply Chain* ein logistisches *Netzwerk* gemeint. Dieser Begriff hat sich in der Fachliteratur durchgesetzt, auch wenn die direkte Übersetzung des Wortes „Chain" (engl. *Kette*) einen linearen Charakter suggeriert.

1.1 Problemstellung

Bestandslose Umschlagpunkte sind heute bereits in den Distributionsnetzen einiger Unternehmen der Handelslogistik bzw. der Konsumgüterindustrie integriert. In der Praxis gibt es zahlreiche Beispiele für Implementierungen des Crossdocking-Konzepts und deren wirtschaftliche Erfolge. Auch die wissenschaftliche Literatur hat das Thema „Crossdocking" aufgegriffen. Die Diskussion behandelt strategische und taktische Fragestellungen, wie z. B. die wirtschaftlichen Potenziale von Crossdocking und die Einbindung bestandsloser Umschlagpunkte in ein Netz kooperierender Teilnehmer im Rahmen von Netzwerkplanungsproblemen. Bis auf wenige Abhandlungen zu innerbetrieblichen Abläufen in einem CDZ und deren Planung wurden bisher operative Fragestellungen vernachlässigt. Dies ist insbesondere deshalb problematisch, weil gerade der reibungslose operative Ablauf den langfristigen Erfolg einer Crossdocking-Implementierung sicherstellt. Dem Autor sind keine wissenschaftlichen Beiträge bekannt, die die operative Planung und Steuerung eines CDZ umfassend beschreiben und dabei eine ganzheitliche Planung vorstellen, bei der alle relevanten Prozesse im Sinne des Supply Chain Managements berücksichtigt werden.

Um alle Teilnehmer der logistischen Kette reibungslos, d. h. ohne Wartezeiten am CDZ abfertigen zu können, müssen bspw. kurzfristige Torbelegungspläne erstellt werden. Dies bedeutet, dass die ankommenden und abfahrenden Lkw räumlich und zeitlich auf die vorhandenen Abfertigungstore verteilt werden müssen. Weiterhin müssen die Abholung sowie die Distribution der Waren so organisiert werden, dass z. B. möglichst kurze Touren entstehen. Schließlich muss auch der interne Warenumschlag so organisiert werden, dass immer genug Personal vorhanden ist und die Auslastung der benötigten Fördertechnik nicht zu hoch wird.

In der Praxis findet i. d. R. keine systematische computerunterstützte Planung statt. Die Steuerung der Lkw-Ankünfte und -Abfahrten geschieht durch Disponenten, die im Dialog mit den jeweils betroffenen Teilnehmern (Frachtführer, Lieferanten, Kunden) An- und Abfahrtstermine vereinbaren. Davon abhängig werden die Sammelfahrten, ebenso wie der interne Warenumschlag geplant. Die nachfolgende Warendistribution erfolgt schließlich ebenso aufgrund manueller Planungen oder langfristig geltender Fahrpläne, welche nur schlecht an kurzfristige Änderungen angepasst werden können. Diese Situation führt zu zwei Problemen:

1. Die manuell erstellten Pläne bieten Lösungen unbekannter Güte, bei denen nur wenige Randbedingungen berücksichtigt werden können. Bereits das Planungsproblem der innerbetrieblichen Abläufe eines CDZ bei gegebenen Lkw-Ankunftszeiten kann durch eine manuelle Bearbeitung nicht hinreichend gelöst werden. Bezieht man dazu noch die vor- und nachgelagerten logistischen Prozesse im Sinne des Supply Chain Managements in die Planung mit ein, wächst die Planungskomplexität so stark an, dass die Planung systematisch unterstützt werden muss, um die Wirtschaftlichkeit des Crossdocking-Prozesses sicherzustellen.

2. Jedes der am gesamten Crossdocking-Prozess beteiligten Unternehmen plant seine logistischen Aktivitäten unabhängig von denjenigen der anderen Unternehmen. Die Frachtführer planen ihre Touren während der CDZ-Betreiber den internen Warenumschlag organisiert. Erst nach erfolgter Planung werden die Ergebnisse abgeglichen.

Selbst wenn man den beteiligen Unternehmen ein großes Maß an Kooperationswillen unterstellt, ist eine Planung mit dem Ziel eines globalen Optimums als praktisch nicht möglich anzusehen. Dies liegt daran, dass zur Findung des globalen Optimums umfangreiche Informationen benötigt werden, zu deren Preisgabe die Unternehmen häufig nicht bereit sind. Es handelt sich dabei um sensitive Informationen wie Auftrags- und Kostenstrukturen, deren Geheimhaltung auch in Kooperationen höchste Priorität zugewiesen wird.

Die Koordination dieser unabhängig erstellten Pläne erfordert einen hohen Zeit- und Kommunikationsaufwand, der die beteiligten Personen in einem nicht zu vernachlässigendem Maße bindet. Eine systematische Unterstützung dieses dezentralen Koordinationsproblems würde einerseits helfen, ungenutzte Potenziale auszuschöpfen und andererseits dazu beitragen, existierende Barrieren zu überwinden, die eine weitere Verbreitung des Crossdocking-Konzepts verhindern.

1.2 Ziel der Arbeit

Vor dem skizzierten Hintergrund und der daraus abgeleiteten Problemstellung lassen sich die im Rahmen dieser Arbeit verfolgten Ziele formulieren:

1. Bisher existiert in der Literatur keine einheitliche Definition des logistischen Prozesses „Crossdocking". Um eine solche vorzunehmen müssen zunächst alle planungsrelevanten Aktivitäten erfasst und beschrieben werden, um darauf aufbauend eine typische Planungssituation möglichst realistisch abzubilden. Darüber hinaus könnten auf diese Weise weitere wissenschaftliche Beiträge zum Thema „Crossdocking" vergleichbar gemacht werden.

2. Auf Grundlage einer einheitlichen Definition sowie einer vereinbarten Planungssituation gilt es weiterhin, ein oder mehrere Verfahren zu entwickeln, die eine effiziente Unterstützung der operativen Planung und Steuerung von Crossdocking-Zentren bieten und dabei eine ganzheitliche Planung im Sinne des Supply Chain Managements verfolgen. Dies bedeutet, nicht nur einseitig die Kosten des CDZ zu minimieren, sondern dass auch die vor- und nachgelagerten Prozesse gleichberechtigt in die Modellierung und Kostenbetrachtung mit einzubeziehen sind.

3. Um diesem kooperativen Gedanken Rechnung zu tragen, müssen Aspekte von Unternehmenskooperationen beleuchtet werden. Viele kooperative Konzepte und Verfahren bewahren ihre Gültigkeit nur, wenn definierte Kooperations- und Machtverhältnisse vorliegen. Beispielsweise entscheidet das Machtverhältnis, wer die Steuerung des Systems übernimmt oder wer Art und Höhe der Kompensationen für einseitige Nachteile bestimmt. Es muss ein Verfahren entwickelt werden, das diese Punkte nicht nur berücksichtigt, sondern die Kooperationsbereitschaft von Unternehmen fördert.

4. Da aus Sicht der Ingenieurwissenschaften nicht allein die verfahrenstechnische Beschreibung des Gesamtverfahrens von Interesse ist, sondern vor allem dessen Eignung

zur Lösung des logistischen Problems, ist das zu entwickelnde Verfahren dahingehend zu bewerten, ob es zum operativen Einsatz verwendet werden kann.

1.3 Aufbau der Arbeit

Die Arbeit beginnt mit einer Einführung in die Thematik des Crossdocking. Kapitel 2 liefert eine umfassende Beschreibung des Crossdocking-Konzepts und es wird eine einheitliche Definition des Begriffs „Crossdocking" vorgestellt. Dabei wird eine Klassifizierung der wichtigsten in der Literatur existierenden Konzepte vorgenommen. Darüber hinaus werden der dem Crossdocking zugrunde liegende Ansatz der *Efficient Consumer Response* beschrieben und die zu erwartenden Wettbewerbsvorteile durch den Einsatz von Crossdocking-Zentren erläutert. Damit diese Vorteile auch realisiert werden können, müssen einige Voraussetzungen gelten, deren Beschreibung den Abschluss des Kapitels bildet.

Im dritten Kapitel werden die Grundlagen der Planung und Steuerung von Crossdocking-Zentren dargelegt. Es werden die unterschiedlichen Planungsebenen erläutert und jeweils der aktuelle Stand der wissenschaftlichen Literatur vorgestellt. Schwerpunkt bildet die operative Planungsebene, die in drei grundlegende Teilprobleme zerlegbar ist: das Teilproblem der Tourenplanung für die Sammel- und Verteilfahrten, das der Torbelegung ankommender und abfahrender Touren am Crossdocking-Zentrum sowie die Ressourcenplanung (Personal und Maschinen) für den eigentlichen Warenumschlag. Da Kooperationen bzw. Kooperationsausprägungen einen Einfluss auf den Entscheidungsspielraum der planenden Instanzen haben, werden grundlegende Eigenschaften von Kooperationen und Kooperationstypen vorgestellt und analysiert. Darauf aufbauend wird das Konzept des *3rd-Party-Logistics Providers* vorgestellt. Diese externen Logistikdienstleister können maßgeblich den Erfolg von Logistik-Kooperationen fördern. Daher werden die Vorteile des Outsourcing der logistischen Planung und Steuerung an einen solchen Dienstleister herausgearbeitet. Aufbauend auf den bisherigen Erläuterungen werden schließlich zwei Szenarien zum Betrieb eines Crossdocking-Zentrums mittels externer Dienstleister definiert. Die Szenarien unterscheiden sich grundlegend hinsichtlich des Kooperationsgrades der teilnehmenden Parteien und des adäquaten Koordinationsansatzes. Sie bilden die Problemstellung für die Steuerungsverfahren, die in Kapitel 4 und 5 vorgestellt werden. Abschluss des Kapitels bildet ein Fazit und die Formulierung des resultierenden Forschungsbedarfs.

Kapitel 4 konkretisiert die Problemstellung des ersten Planungsszenarios und es wird ein zentral-hierarchisches Steuerungsverfahren vorgestellt. Es wird angenommen, dass alle logistischen Aufgaben von einem externen Logistikdienstleister übernommen werden. Dieser gibt die Planungsentscheidungen an alle beteiligten Parteien hierarchisch weiter. Ziel ist das globale Kostenoptimum für die gesamte Supply Chain. Die Problemstellung wird dabei als gemischt-ganzzahliges Optimierungsproblem modelliert und es werden Modellierungsalternativen sowie Erweiterungsmöglichkeiten für spezielle Anwendungsfälle vorgestellt. Das Optimierungsproblem, genannt *Crossdocking Scheduling Problem*, wird mittels des exakten Lösungsverfahrens *Branch-and-Bound* gelöst. Hierzu wird das angewendete Lösungsverfahren vorgestellt und problemspezifische Anpassungen erläutert. Das Kapitel schließt mit einer Zusammenfassung.

Das zweite in Kapitel 3 definierte Planungsszenario wird als dezentral-heterarchisches Szenario bezeichnet. Darin sind die logistischen Planungsaufgaben nicht mehr einem Dienstleister zugeordnet, sondern es wird angenommen, dass die beschriebenen Teilprobleme im Verantwortungsbereich unterschiedlicher und autonomer Logistikdienstleister liegen. In Kapitel 5 wird daher ein dezentrales Verfahren vorgestellt, um die Problemstellung realitätsnah zu lösen. Dafür wird das Koordinationsproblem dezentraler Planungsentscheidungen als Ressourcenallokationsproblem interpretiert, um damit „faire" Koordinationslösungen zu erzielen. Grundlage des dezentral-heterarchischen Steuerungsverfahren sind Methoden der ökonomischen Koordinationsmechanismen, insbesondere die der kombinatorischen Auktionen. Im Laufe des Kapitels wird ein umfassender Überblick über die Grundlagen von Auktionen und deren Anwendung zur Lösung logistischer Problemstellungen gegeben. Anschließend wird ein Auktionsmechanismus vorgestellt, mit Hilfe dessen die definierte Problemstellung adäquat gelöst werden kann. Darüberhinaus wird erläutert, wie die beteiligten Akteure ihre Interessen monetär ausdrücken können, um so eine dezentrale und heterarchische Koordination zu ermöglichen. Das Kapitel schließt ebenfalls mit einer Zusammenfassung.

Für den Vergleich und die Bewertung der vorgestellten Verfahren ist eine umfangreiche Analyse der Planungsergebnisse beider Verfahren nötig. Hierfür werden in Kapitel 6 geeignete Testdaten generiert. Für diese Testdaten werden Planungsergebnisse erzeugt und hinsichtlich Ergebnisqualitäten und Rechenzeitanforderungen untersucht. Dabei wird gezeigt, dass sich die vorgestellten Verfahren nicht gegenseitig ersetzen, sondern dass es vielmehr unterschiedliche Einsatzgebiete für beide Verfahren gleichermaßen gibt.

In Kapitel 7 werden die Ergebnisse und Erkenntnisse sowie die Vorgehensweise der Arbeit zusammenfassend dargestellt.

Den Ablauf der Untersuchung zeigt Abbildung 1.1.

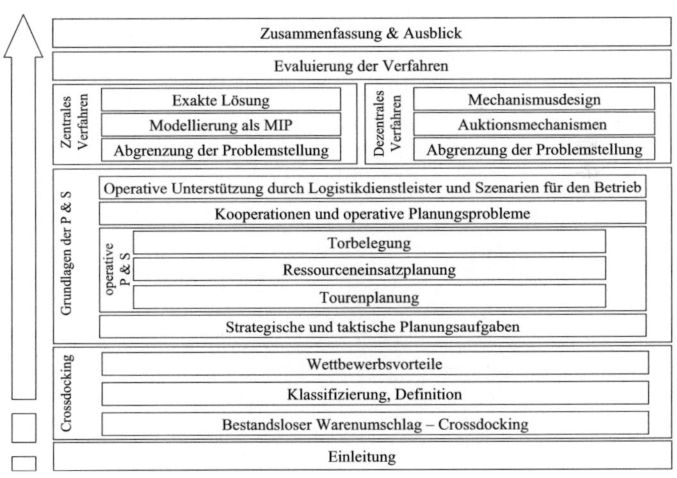

Abbildung 1.1: Ablauf der Untersuchung

2 Bestandsloser Warenumschlag - Crossdocking

Sowohl in der Wissenschaft als auch in der logistischen Praxis gibt es zahlreiche Beiträge, die das Thema *Crossdocking* behandeln. Allerdings beschäftigen sich nur wenige dieser Beiträge ausschließlich mit Crossdocking. Oft sind die Beiträge Teil umfassenderer Arbeiten zu den Themen *Supply Chain Management*, *Efficient Consumer Response* oder *Distributionslogistik*. Im folgenden Kapitel wird der Begriff *Crossdocking* definiert. Hierzu werden verschiedene Klassifizierungsmöglichkeiten aus der Literatur vorgestellt, um darauf aufbauend eine einheitliche Begriffsdefinition abzuleiten. Um das logistische Umfeld des Crossdocking-Konzepts besser zu verstehen, wird eine Einordnung in das übergeordnete Konzept der Efficient Consumer Response vorgenommen. Nach einer Beschreibung der zu erwartenden Wettbewerbsvorteile durch den Einsatz von Crossdocking-Zentren schließt das Kapitel mit einer Betrachtung der erforderlichen Voraussetzungen für eine erfolgreiche Implementierung des Crossdocking-Konzepts.

2.1 Das Crossdocking-Konzept

Nach Kotzab (1996, S. 156) beschreibt der Begriff *Crossdocking* eine „distributionslogistische Tätigkeit, die typischerweise an einem speziellen Ort innerhalb der Wertschöpfungskette stattfindet". Alle Beiträge zum Thema Crossdocking haben gemeinsam, dass der Fokus auf dem bestandslosen Warenumschlag, also der gezielten Vermeidung von Lagerung, liegt.

Geht in einem traditionellen Distributionszentrum eine Bestellung ein, so sind die entsprechenden Waren in der Regel bereits im Lager vorhanden. Die Produkte müssen nach Eingang der Bestellung ausgelagert und kommissioniert werden, um anschließend für den Versand vorbereitet werden zu können. Die Lagerung verursacht hohe Kapitalbindungskosten, während die Kommissionierung sehr arbeitsaufwendig ist.

Bei einem Crossdocking-Zentrum (CDZ) handelt es sich um einen bestandslosen Umschlagpunkt, bei dem die An- und Auslieferungen zeitlich und mengenmäßig so koordiniert werden, dass die ankommenden Waren direkt nach dem Eingang umsortiert und kundenbezogen auf die ausliefernden Transportmittel geladen werden können. Dabei entfallen die Prozesse der Lagerung und der Kommissionierung, welche in einem traditionellen Bestandslager typischerweise sehr kostenintensiv sind (van den Berg und Zijm 1999).

Im Idealfall werden die ankommenden Waren direkt vom Wareneingangstor (Dock) zum gegenüberliegenden Warenausgangstor („Dock across") transportiert und auf den dort wartenden Lkw geladen, daher der Name „Crossdocking"[1].

Sowohl in der wissenschaftlichen Literatur als auch der logistischen Praxis werden für ein Crossdocking-Zentrum die Begriffe *Crossdocking Point*, *Crossdocking Terminal*, *Transitlager*, *Transshipmentpoint* oder kurz *Crossdock* synonym verwendet. Speziell im deutschsprachigen Raum werden auch Stückgutspeditionsanlagen mit Crossdocking-Zentren gleichgesetzt.

In Abbildung 2.1 ist das Prinzip des Crossdocking-Konzepts bildlich dargestellt.

Abbildung 2.1: Das Crossdocking-Konzept: Die ankommenden Güter (Inbound) werden am bestandslosen Umschlagpunkt auf die Fahrzeuge der Auslieferungstouren (Outbound) verteilt.

Durch den Verzicht auf die Lagerung verringert sich nach *Little's Gesetz* die Durchlaufzeit, was zu geringeren Beständen und einem besseren Reaktionsvermögen der gesamten Supply Chain führt (Arnold et al. 2002, S. A2-27). So kann sich die Warenbestellung an sehr kurzfristigen Prognosen der Nachfrage orientieren. Damit die hohen Lagerbestände nicht einfach in der Supply Chain aufwärts zum Produzenten verlagert werden, sollten die Hersteller am Konzept beteiligt werden, um so ihre Produktionszyklen danach auszurichten. Das Crossdocking-Konzept trägt so auch zur Reduzierung des *Bullwhip-Effektes* bei (Alicke 2003, S. 163).

Aus Abbildung 2.1 wird noch nicht die Motivation zum Einsatz bestandsloser Umschlagpunkte deutlich. Hierfür wird im Folgenden ein Überblick über die in der Literatur existierenden Klassifikationen gegeben. All diesen liegt jedoch das in Abbildung 2.1 dargestellte Prinzip zu Grunde. Bei Kotzab (1996, S. 157-158) findet sich eine Sammlung von Begriffsbestimmungen des Crossdocking-Konzepts. Darauf aufbauend kann an dieser Stelle die folgende allgemeine Definition des Begriffes *Crossdocking* gegeben werden:

Definition 2.1. Crossdocking bezeichnet den zeitnahen Umschlag von Waren mit dem Ziel, Bestandsbildung zwischen den Ent- und Beladepunkten zu vermeiden. Es wird daher auch als bestandsloser Warenumschlag bezeichnet.

---

[1]Es finden sich in der Literatur auch die alternativen Schreibweisen „Cross Docking" und „Cross-Docking"

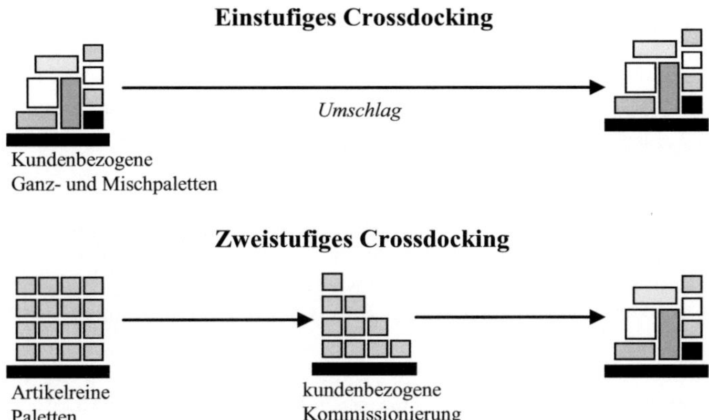

Abbildung 2.2: Ein- und zweistufiges Crossdocking von Palettenware: Im einstufigen Fall werden die kundenbezogen kommissionierten Paletten direkt umgeschlagen, im zweistufigen Fall müssen die artikelreinen Paletten zunächst umkommissioniert werden, bevor sie umgeschlagen werden können, in Anlehnung an Gudehus (2000, S.297).

2.2 Klassifizierung von Crossdocking-Konzepten

In der wissenschaftlichen Literatur finden sich verschiedene Möglichkeiten, um Crossdocking-Konzepte über das bisher dargestellte Prinzip hinaus klassifizieren zu können. Die Autoren greifen dabei verschiedene Aspekte der jeweiligen Untersuchung heraus und differenzieren danach die einzelnen Crossdocking-Konzepte. Im Folgenden werden diese Klassifizierungen vorgestellt, um darauf aufbauend zwei grundlegende Crossdocking-Typen zu definieren.

2.2.1 Einstufiges und mehrstufiges Crossdocking

Die am weitesten verbreitete Klassifizierung von Crossdocking-Konzepten ist die Unterteilung in ein- und zweistufiges Crossdocking.

Im einstufigen (single-stage) Crossdocking übernimmt bereits der Lieferant bzw. Hersteller die Aufgabe der zielorientierten Kommissionierung der Paletten (Gue 2001). Hierfür ist es notwendig, dass der Lieferant den zielgenauen Bedarf kennt, um die Paletten so anzuliefern, dass die darauf geladenen Produkte dem Kundenbedarf bereits entsprechend zusammengestellt sind. Im CDZ werden die verschiedenen Warenlieferungen dann konsolidiert und zum jeweiligen Warenausgang weitergeleitet. Ein Aufbrechen der Lieferungen im CDZ entfällt, was den Durchfluss der Waren erheblich beschleunigt. Swoboda und Morschett (2000) sprechen hier von „bestandsloser Lagerabwicklung im Transitlager". Die einfachste Form des einstufigen Crossdocking bildet demnach der direkte Umschlag von kompletten, sortenreinen Paletten.

Während der Begriff des einstufigen Crossdocking in der Literatur einheitlich verstanden wird, existieren beim mehrstufigen (multi-stage) Crossdocking in der Literatur begriffliche Unterschiede. Allen gemeinsam ist jedoch die Aussage, dass im Rahmen des mehrstufigen Crossdocking sortenreine Paletten vom Lieferanten an das CDZ geliefert und dort umkommissioniert werden. Hierdurch entsteht erheblicher Mehraufwand im Crossdock. Die vom Hersteller angelieferten Vollpaletten werden aufgebrochen, umetikettiert und zu kundenbezogenen Sendungen zusammengestellt. Zu einem geringen Teil kann es, wie beim einstufigen Konzept auch, zu einem kurzfristigen puffern der Waren kommen, um asynchrone Be- und Auslieferungen auszugleichen. Es erfolgen jedoch keine zeitintensiven Ein- und Auslagervorgänge.

Gudehus (2000) verwendet für das zweistufige Crossdocking den Begriff *Transshipment* und nur den hier als einstufig beschriebenen Fall bezeichnet er als Crossdocking. Diese Bezeichnung ist sicherlich legitim, aber im Interesse eines einheitlichen Sprachgebrauchs wird in dieser Arbeit der Begriff Crossdocking im Sinne der Definition 2.1 gebraucht. Weiterhin wird die Erweiterung des Begriffs um die Attribute „einstufig" und „zwei-" oder „mehrstufig" verwendet, entsprechend folgender Definitionen:

Definition 2.2. Einstufiges Crossdocking bezeichnet das Crossdocking von bereits zielbezogen kommissionierten Warensendungen. Der Vorgang des einstufigen Crossdocking besteht nur aus den für den Warenumschlag nötigen Aktivitäten. Es werden keine Tätigkeiten an den Warensendungen selbst durchgeführt.

Definition 2.3. Mehrstufiges Crossdocking bezeichnet das Crossdocking von beliebig kommissionierten Warensendungen. Im Gegensatz zum einstufigen Crossdocking werden zusätzlich zu den für den Warenumschlag nötigen Aktivitäten auch Tätigkeiten an den Warensendungen durchgeführt. Dies sind in erster Linie Kommissioniertätigkeiten, es können aber auch weitere Tätigkeiten wie die Konfektionierung, Kommissionierung oder Etikettierung an den Warensendungen durchgeführt werden. **Zweistufiges Crossdocking** ist ein Sonderfall des mehrstufigen Crossdockings, bei dem die Warensendungen nur einem weiteren Prozessschritt (der Kommissionierung) unterliegen.

Aus Definition 2.2 leitet sich das zwei- oder mehrstufige Crossdocking (Definiton 2.3) ab. Eine feinere Klassifizierung ist nicht nötig, da mit diesen Definitionen jegliche Implementierungen von Crossdocking-Konzepten ausreichend beschrieben werden können. Ausreichend in dem Sinne, dass darüber entschieden werden kann, ob die innerbetrieblichen Abläufe im Crossdock in die Planungs- und Steuerungsbetrachtungen miteinbezogen werden müssen oder nicht. Da im einstufigen Fall keine Aktivitäten im Crossdock ablaufen, müssen nur die Warenumschlagsabläufe geplant und gesteuert werden.

Im Gegensatz dazu müssen im mehrstufigen Fall weitere voneinander abhängige Prozessschritte in der Planung berücksichtigt werden. Definitionen 2.2 und 2.3 wurden in Anlehnung an Gue und Kang (2001) und Bartholdi III. et al. (2001) getroffen. Bei Gue und Kang (2001) findet man eine Unterteilung nach *single-stage* und *two-stage crossdocking*. Beim single-stage crossdocking gibt es nur eine Zone für die Pufferung der Waren, welche sich

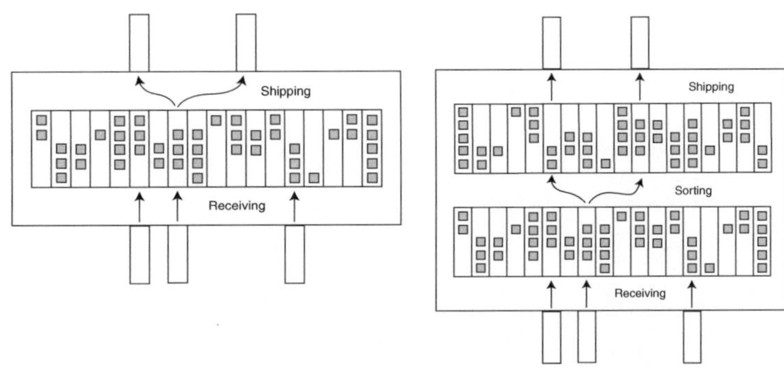

Abbildung 2.3: Single- und two-stage Crossdocking (Gue und Kang 2001)

an den Wareneingangstoren orientiert. Im Gegensatz dazu gibt es beim two-stage cross-docking sowohl Zonen zur temporären Lagerung entsprechend den Eingangstoren als auch entsprechend den Toren des Warenausgangs. Eine Veranschaulichung dieser Alternativen bietet Abbildung 2.3.

Alternativ verwenden Bartholdi III. et al. (2001) die Begriffe des *pre-distribution* und *post-distribution crossdocking*. Sie unterscheiden also danach, ob Artikel bereits mit einem determinierten Ziel verbunden sind (*pre-distribution*) oder ob die Waren erst innerhalb des CDZ einer Destination zugeordnet werden (*post-distribution*). In beiden Veröffentlichungen wird demnach eine Unterscheidung getroffen, die den Definitionen 2.2 und 2.3 entspricht. Die Klassifizierung von Bartholdi III. et al. (2001) beinhaltet aber bereits weitere Aspekte, die wie einige weitere im folgenden Abschnitt beschrieben werden. Alle folgenden Beschreibungen sind *zusätzliche* Charakterisierungsmerkmale von Crossdocking-Konzepten. Die grundsätzliche Unterscheidung nach Definition 2.2 und 2.3 bleibt dabei jeweils erhalten.

2.2.2 Quell- und zielgebietorientiertes Crossdocking

Neben der Klassifizierung in ein- und mehrstufiges Crossdocking findet sich, unabhängig von den innerbetrieblichen Abläufen im Crossdock, in der Praxis auch eine Einteilung in *quell-* und *zielgebietorientiertes* Crossdocking (Metro MGL 2002). Bei der quellgebietorientierten Lösung befindet sich das CDZ in Lieferantennähe (Abbildung 2.4). Strukturell ähnelt dieses Konzept sehr dem aus der Automobilindustrie bekannten Gebietsspediteurkonzepts. Da die Lieferanten in ihren regionalen Gebieten gebündelt werden, erhöhen sich die Anlieferungen bei den Kunden. Innerhalb der Handelslogistik würde dieses Modell hinreichend große Filialen mit entsprechend hohen Anlieferungsmengen voraussetzen.

Beim zielgebietorientierten Konzept befindet sich das CDZ in Kundennähe (Abbildung 2.5). Hierbei wird jeder Kunde von genau einem Zentrum beliefert, während die Lieferanten mehrere Zentren versorgen müssen. Werden bei diesem Konzept die Transporte zum CDZ von

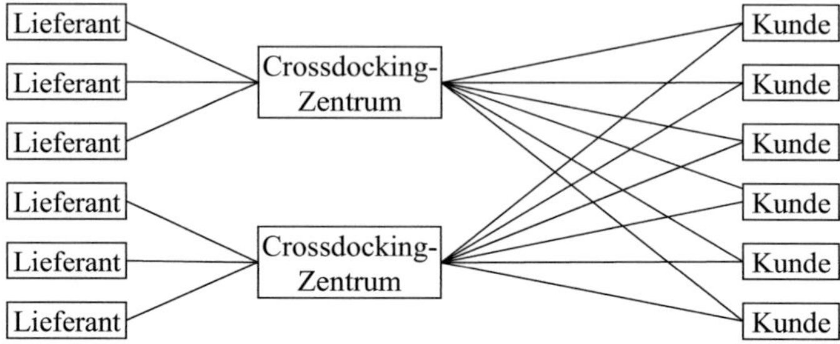

Abbildung 2.4: Quellgebietorientiertes Crossdocking: Die Kunden werden aus mehreren Zentren beliefert und die Crossdocking-Zentren befinden sich in Lieferantennähe (Metro MGL 2002).

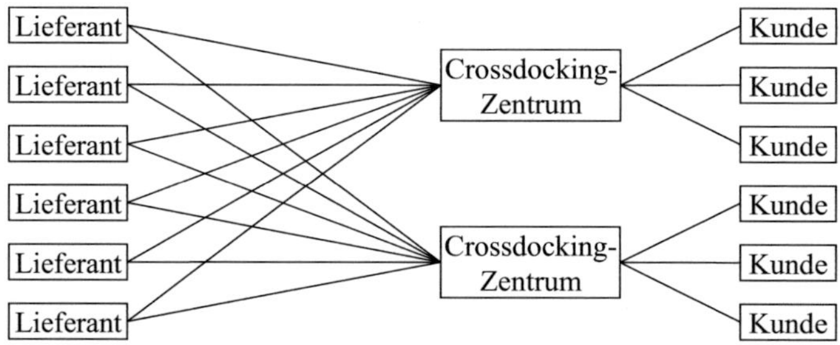

Abbildung 2.5: Zielgebietorientiertes Crossdocking: Jeder Kunde wird von genau einem Crossdocking-Zentrum beliefert, während ein Lieferant mehrere Zentren beliefert (Metro MGL 2002).

jedem Lieferanten einzeln vorgenommen, so kann dies bei kleineren Lieferanten zu entsprechend schlecht ausgelasteten Transporten führen.

Üblicherweise wird bei handelslogistischen Crossdocking-Konzepten die filial- bzw. zielgebietorientierte Anordnung angewendet (Metro MGL 2002).

Natürlich ist es auch möglich, durch einen zweifach gebrochenen Transport die Vorteile beider Konzepte zu vereinen. Dies setzt allerdings eine wesentlich höhere Anzahl Crossdocks und eine entsprechend hohe Warenumschlagsmenge voraus. Diese Konstellation findet man vor allem in den Hub- und Spoke-Systemen der Kurier-, Express- und Postdienstleister, da dort die umzuschlagende Warenmenge entsprechend höher ist.

Für die operative Planung und Steuerung von Crossdocking-Zentren ist diese Form der Klassifizierung zweitrangig, da die physische Struktur des logistischen Netzes kaum Auswirkung auf die Planung der operativen Prozesse hat. Zur Beschreibung eines Crossdocking-Konzepts ist es jedoch von Vorteil zu wissen, auf welcher Stufe der logistischen Kette sich das Crossdock befindet und wie die Distanzverhältnisse Quelle-CDZ und CDZ-Ziel sind.

2.2.3 Einsatzorientiertes Crossdocking

Zur genaueren Beschreibung einer Crossdocking-Implementierung ist es ebenfalls hilfreich, den Einsatzbereich zu kennen. Napolitano (2000) nimmt in seiner Arbeit eine Unterteilung in fünf verschiedene Einsatzarten von Crossdocking-Konzepten vor:

1. **Manufacturing Crossdocking:** Die Warenanlieferungen von externen Zulieferern und eventuellen Eigenproduktionen werden im CDZ für die Warenanlieferung an eine Produktionsstätte konsolidiert. Ziel ist bspw. die *Just-In-Sequence (JIS)*-Versorgung einer Fertigungslinie. Die ankommenden Waren werden im CDZ konsolidiert und verbrauchsorientiert in der benötigten Reihenfolge an den Verbauort gebracht. Zur Anwendung kommt dieses Verfahren vor allem in der Automobilindustrie.

2. **Distribution Crossdocking:** Im CDZ werden die Produkte verschiedener Hersteller konsolidiert und schließlich gebündelt an den Kunden versendet, sobald die letzte Warenlieferung eingetroffen ist. Besonders im Bereich der Computer Distribution (Bspw. beim Unternehmen Dell) werden auf diese Weise Komponenten verschiedener Hersteller zusammengeführt, bevor sie an einen Kunden geliefert werden. Diese Distributionstechnik ist auch als *Merge-In-Transit* bekannt.

3. **Transportation Crossdocking:** Um Kostenvorteile durch höher ausgelastete Fahrzeuge zu erzielen werden die Lieferungen verschiedener Speditionen im *Less-Than-Truckload (LTL)* Bereich zu *Full-Truckloads (FTL)* gebündelt. Diese Konsolidierungsstrategie findet sich häufig im Bereich der *City-Logistik*. Hier wird das Ziel verfolgt, die Anzahl der Fahrten für die Warendistribution durch unternehmensübergreifende Konsolidierungen zu minimieren, um so unter anderem die Belastung des innerstädtischen Verkehrs und der Umwelt zu reduzieren.

   In diese Kategorie fallen auch die Crossdocking-Zentren der Paketdienstleister. In Abbildung 2.6 ist eine vollautomatische Sortieranlage für den Umschlag von Paketen dargestellt. An ihr wird der vollständige Verzicht auf Lagerflächen deutlich.

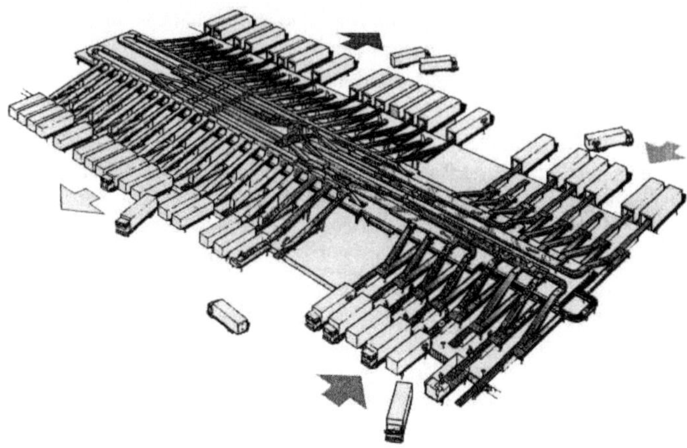

Abbildung 2.6: Sortieranlage eines CDZ für Paketdienstleister: Dieses Beispiel aus dem Bereich Transportation Crossdocking verdeutlicht den vollständigen Verzicht auf Lagerflächen (Gudehus 2000, S.298).

4. Retail Crossdocking: Der Handel schlägt an einem zentral gelegenen CDZ die Waren verschiedener Hersteller und Großhändler um und organisiert so die Belieferung der eigenen Handelsfilialen. Wenngleich Crossdocking branchenunabhängig angewendet werden kann, weist es nach Schulte (1999) bislang die größte Verbreitung bei filialbasierten Handelsunternehmen auf. Dieser Umstand ist darauf zurückzuführen, dass Crossdocking Teil des Efficient Consumer Response Ansatzes ist, der in erster Line von Handelsunternehmen verfolgt wird. Dies wird in Abschnitt 2.3 vertieft.

5. Opportunistic Crossdocking: Wenn Ware in einem Distributionszentrum direkt vom Wareneingang zu den Warenausgangstoren transportiert wird, weil sich dazu die Gelegenheit (engl. Opportunity) ergibt, spricht man von *Opportunistic Crossdocking*. Es handelt sich um eine aktive Reduktion der Handling-, Personal- und Fehlerkosten durch die Vermeidung des Lagerkontakts, über die rein situativ entschieden wird (Transportation and Distribution 2002).

Die von Napolitano (2000) vorgenommene Unterteilung gliedert Crossdocking eher nach der „Motivation" der beteiligten Unternehmen. Für die Planung und Steuerung ist es von Vorteil zu wissen, „warum" ein CDZ vorhanden ist, um die Zielkriterien des Planungs- und Steuerungsmodells entsprechend den Gegebenheiten anzupassen. Auf die Art und Weise, wie die Prozesse geplant werden, hat dies aber nur geringen Einfluss. Nach Napolitano (2000) kann in einem CDZ *Transportation Crossdocking* durchgeführt werden, also Crossdocking mit dem Ziel, Transportfahrzeuge höher auszulasten. Ob dies jedoch ein- oder mehrstufig geschieht, oder ob das CDZ quell- oder zielgebietorientiert ist, bleibt davon unberührt. Ein Crossdocking-Prozess mit dem Ziel, Überlandfahrten mit möglichst großen Fahrzeugen hoch auszulasten, wäre quellgebietorientiert, während ein City-Logistik getriebenes Crossdocking zur Reduktion des innerstädtischen Verkehrs in erster Linie zielgebietorientiert wäre.

2.3 Der Efficient Consumer Response Ansatz

Nach van der Heydt (1998, S.55) versteht man unter dem *Efficient Consumer Response* Ansatz „Strategien, die im Rahmen einer partnerschaftlichen Kooperation zwischen Hersteller und Handel darauf abzielen, Ineffizienzen entlang der Wertschöpfungskette zu beseitigen und die Kundenzufriedenheit zu erhöhen, um so allen Beteiligten einen Nutzen zu stiften, der im Alleingang nicht zu erreichen gewesen wäre".

Der ECR-Ansatz betrachtet also nicht nur den Warenfluss als Quelle von Verbesserungspotenzialen sondern insbesondere auch die Nachfrageseite und die Generierung von Absatzwachstum. Eine vollständige Beschreibung des ECR-Ansatzes würde den Rahmen dieser Arbeit übersteigen, jedoch bieten die Arbeiten von Kotzab (1996 und 1999) und van der Heydt (1998) eine sehr gute und umfangreiche Übersicht über den ECR-Ansatz.

Im Folgenden wird nur ein kurzer Überblick über die Basisstrategien sowie zwei erweiterte Strategien des ECR-Ansatzes gegeben. Dadurch lässt sich leichter verstehen, dass Crossdocking kein alleinstehendes Konzept, sondern vielmehr ein integrierter Bestandteil eines umfassenderen kooperativen Logistik-Konzepts ist.

2.3.1 Basisstrategien der Efficient Consumer Response

Im Rahmen der Efficient Consumer Response können vier Basisstrategien unterschieden werden. Innerhalb dieser Strategien stellt das Crossdocking-Konzept eine zentrale Distributionstechnik dar, insbesondere innerhalb des *Efficient Replenishments*.

Efficient Replenishment (ER) ist auf den Warenversorgungsprozess ausgerichtet und hat das Ziel, stetige Materialflüsse zwischen Hersteller und Filiale bei gleichzeitig niedrigeren Kosten zu erzeugen. Grundidee ist die Übertragung des Just-In-Time-Prinzips aus der Automobil- auf die Konsumgüterindustrie.

Efficient Assortment (EA) widmet sich der kundenorientierten und effizienten Sortimentgestaltung am *Point of Sale (POS)*. Der Point of Sale ist der Ort innerhalb der Supply Chain, an dem Waren in den Besitz des Kunden übergehen.

Efficient Promotion (EP) zielt auf die Vermeidung von Ineffizienzen bei der Verkaufsförderung ab. Insbesondere soll das System die Bevorratung mit großen Warenmengen zu Aktionspreisen vermeiden.

Efficient Product Introduction (EPI) soll die Reaktionszeiten zu Beginn einer Neuprodukteinführung senken und so zur Kosteneinsparung beitragen.

Die ER-Strategie umfasst dabei alle Strategien zur Optimierung der Supply Chain wie die effiziente Lagernachschubversorgung, die operative Logistik und die effiziente Administration der Prozesse. Ziel ist es, dass Lieferanten und Händler ein integriertes System mit zuverlässigem und abgestimmtem Waren- und Informationsfluss darstellen, um so die bestmögliche Balance zwischen operativen Kosten und Servicegrad zu erreichen. Dabei wird versucht, den Warennachschub zwischen Hersteller und Handelsunternehmen weitgehend zu automatisieren. Um dies zu erreichen, sollten die aktuellen POS-Verkaufsdaten dem Hersteller in Echtzeit zur Verfügung gestellt werden. So entsteht ein Belieferungssystem, welches sich nicht mehr an schwankenden Bestellmengen, sondern an der tatsächlichen Nachfrage der Konsumenten orientiert.

Vor diesem Hintergrund eignet sich besonders das Crossdocking-Konzept zur Distribution, da Lagerbestände abgebaut und Durchlaufzeiten reduziert werden. Zusätzlich kann der Kundennutzen z.B. durch erhöhte Mindesthaltbarkeitsdaten der Produkte angehoben werden (van der Heydt 1998, S. 89). Abbildung 2.7 zeigt einen Vergleich des Efficient Replenishments mit der traditionellen Organisation eines Distributionssystems.

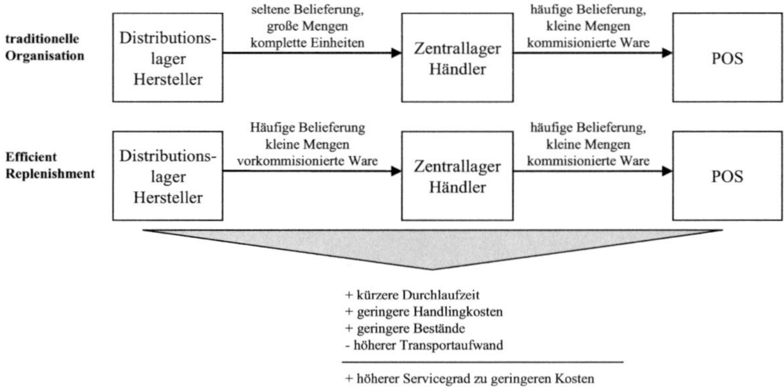

Abbildung 2.7: Vergleich der traditionellen Distributionstechnik mit Efficient Replenishment: Insgesamt kann durch Efficient Replenishment ein höherer Servicegrad bei geringeren Kosten erzielt werden (Arnold et al. 2002, S. B2-26).

2.3.2 Erweiterte Strategien der Efficient Consumer Response

Neben den vier Basisstrategien der Efficient Consumer Response findet man in der Literatur noch zahlreiche weitere Strategien und Konzepte, um Waren effizient zu verteilen. Diese sind nicht ausschließlich im Rahmen von ECR-Programmen einsetzbar, haben hier aber ihren Ursprung. Im Folgenden werden die zwei bekanntesten erweiterten Strategien skizziert. Beide Strategien sind kooperativ und setzen eine längerfristige strategische Partnerschaft der beteiligten Unternehmen voraus. Auf die Voraussetzung der strategischen Partnerschaft für

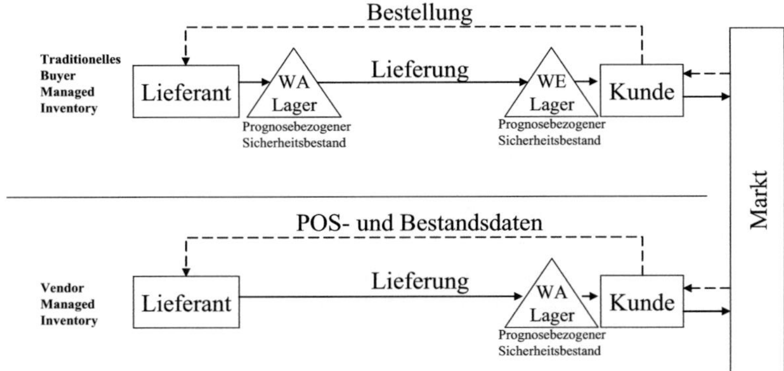

Abbildung 2.8: Gegenüberstellung des traditionellen Buyer Managed Inventory und des Vendor Managed Inventory.

eine erfolgreiche Crossdocking-Implementierung wird in Abschnitt 2.5 weitergehend eingegangen.

Vendor Managed Inventory

Werden den Herstellern nicht nur die aktuellen Verkaufsdaten übermittelt, sondern wird ihnen zudem die selbstständige Steuerung des Nachschubs übertragen, so spricht man von *Vendor Managed Inventory (VMI)*. Der Kunde gibt nun keine Bestellungen mehr auf, sondern überlässt die Entscheidung über Liefermenge und -termin seinem Zulieferer. Dies wird allerdings nur dann toleriert, wenn sichergestellt ist, dass die Hersteller über geeignete Prognoseverfahren verfügen, um die Planabverkaufsmengen möglichst präzise zu bestimmen.

Je nach Kooperationsgrad der beteiligten Unternehmen geht nicht nur die Bestandsplanung, sondern auch der Bestandseigentum an den Lieferanten über. Der Bestand geht erst in den Besitz des Empfängers über nachdem die Waren eine sogenannte *Demarkationslinie* überschritten haben (Alicke 2003, S. 171). Diese kann im Extremfall erst an der Scannerkasse des Handelsunternehmens liegen. Diese Vorgehensweise wird auch als *Vendor Managed Inventory in Konsignation* bezeichnet. Im Zusammenhang mit VMI wird Crossdocking oft zur herstellerübergreifenden Warenkonsolidierung eingesetzt.

Abbildung 2.8 stellt das traditionelle *Buyer Managed Inventory* und VMI gegenüber. Es wird deutlich, dass VMI (inbesondere VMI in Konsignation) der Reduktion einer ganzen Lagerstufe gleichkommt. Dies reduziert den Bullwhip-Effekt und erhöht dadurch die Reaktionsfähigkeit und Versorgungssicherheit der gesamten Supply Chain.

Collaborative Planning, Forecasting and Replenishment

Eine weitere relativ neue Strategie ist das *Collaborative Planning, Forecasting and Replenishment (CPFR)*. CPFR ist eine konsequente Weiterentwicklung des Efficient Consumer Response-Konzeptes mit der Grundidee der gemeinsamen Nutzung und Zusammenführung von Informationen auf Hersteller- und Handelsseite. Ausgehend von Marktprognosen soll eine gemeinsame Planung erstellt werden, die Produktion und Lagerhaltung der tatsächlichen Nachfrage anpasst und Warenfluss und Verkaufsförderungsmaßnahmen aufeinander abstimmt.

CPFR unterscheidet sich vom ECR-Konzept dadurch, dass die Verbesserungsprozesse nicht mehr einseitig durchgeführt werden können, sondern nur noch in einer echten Zusammenarbeit. Es muss der Wille bestehen, Daten nicht nur auszutauschen, sondern die Verbesserung der Datenqualität zu messen und entstehende Kostenvorteile unter den Beteiligten gerecht aufzuteilen.

Ein weiterer Unterschied besteht darin, dass die für eine erfolgreiche Umsetzung von ECR bisher notwendige kritische Masse nicht mehr erreicht werden muss. Für den Erfolg durch CPFR reicht es für ein Handelsunternehmen aus, ohne größere Aufwendungen gemeinsam mit nur einem Hersteller Absatz- und Nachfrageprognosen zu bilden. CPFR soll die ECR-Strategien nicht ersetzen, sondern funktionierende Praktiken ergänzen. Das Modell besteht aus den drei Phasen Planning, Forecasting und Replenishment. In der ersten Phase werden die Rahmenbedingungen der Partnerschaft vereinbart, in der zweiten Phase wird eine gemeinsame Vorhersage erstellt und in der dritten Phase wird auf dieser Basis die Organisation der Warenversorgung festgelegt.

Im Rahmen dieser Warenversorgung dienen, wie auch beim VMI, Crossdocking-Zentren als zentrale Distributionstechnik. Insbesondere die verbesserte Absatzprognose erlaubt es, bestandslose Umschlagzentren zu betreiben, da die (gesunkenen) Unsicherheiten in der Marktnachfrage nicht mehr durch Bestände abgefangen werden müssen. Eine umfassende Beschreibung des CPFR-Konzepts liefert die Arbeit von Seifert (2003).

2.4 Wettbewerbsvorteile durch Crossdocking

Im Allgemeinen kann zwischen drei verschiedenen Distributionsstrategien unterschieden werden: dem traditionellen, lagerhaltenden System mit Distributionszentren, dem Crossdocking und der Direktbelieferung.

Bei den lagerhaltenden Systemen wird den Produkten nach dem Wareneingang ein Lagerplatz zugewiesen. Werden die Produkte nach einiger Zeit benötigt, müssen sie zunächst wieder ausgelagert werden, damit sie anschließend für die Verladung zur Verfügung stehen. Bei der Direktbelieferung erfolgen alle Lieferungen direkt von den Lieferanten zu den Kunden. Eine Konsolidierung der Warenlieferungen findet nicht statt.

Nur wenige große Handelsketten haben sich exklusiv auf eine dieser Strategien festgelegt. Oft werden stattdessen je nach Produkt unterschiedliche Verfahren angewendet (Simchi-Levi et al. 2000, S. 114).

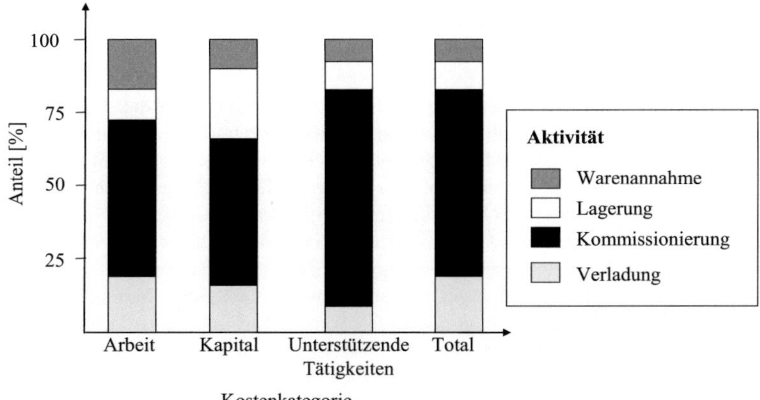

Abbildung 2.9: Kostenverteilung der vier wesentlichen Prozesse eines Lagerstandortes: Der enorme Kostenanteil der Kommissionierung an den Gesamtkosten wird deutlich (van den Berg und Zijm 1999).

2.4.1 Vergleich der Distributionsstrategien hinsichtlich Kosten

Da beim traditionellen, lagerhaltenden System die Waren ein- und ausgelagert werden und die Produkte für eine gewisse Zeit im Lager verweilen, entstehen zwei wesentliche Kostenarten, die beim Crossdocking entfallen: die Bestands- bzw. Kapitalbindungskosten sowie die Lagerkosten für das Kommissionieren beim Auslagervorgang. Diese variablen Lagerhaltungskosten sind nach van den Berg und Zijm (1999) in einem Lagerstandort typischerweise die kostenintensivsten Prozesse (Abbildung 2.9). Zudem steigen durch Lagerung die Schwund- und Beschädigungsraten, wie LaLonde und Masters (1994) empirisch bestätigt haben.

Neben der Bestands- und Lagerstufenreduktion verringern sich beim Crossdocking-Konzept zudem die Ausgaben für das Lagerequipment und der Platzbedarf für die Lagerung (fixe Lagerhaltungskosten). Durch die geringere Durchlaufzeit kommen die Produkte schneller und frischer in den Handel, was zu einer Erhöhung des Servicegrades und somit der Kundenzufriedenheit führt.

Ein weiterer wichtiger Vorteil des Crossdocking liegt in der Erhöhung der Auslieferfrequenz, was zu einer Reduktion der Bestände beim Empfänger führt, da dieser sich schneller und regelmäßiger eindecken kann (Logistik inside 2002).

Selbstverständlich gibt es auch Komponenten, deren Kosten im Vergleich zu lagerhaltenden Systemen steigen. Hier sind vor allem die hohen Investitionskosten in die Informations- und Kommunikationstechnologie und gegebenenfalls in die automatischen Umschlagsysteme zu nennen.

Weiterhin erhöhen sich aufgrund der erhöhten Lieferfrequenzen die Transportkosten. Diese Transportkostenerhöhung muss genau betrachtet werden, da gleichzeitig die einzelnen

Transportfahrzeuge besser ausgelastet werden können (vgl. Abschnitt 2.2.3, Transportation Crossdocking). Die höhere Auslastung ermöglicht meist eine Kompensierung der erhöhten Transportkosten.

Beim Vergleich von Crossdocking und Direktbelieferung sind die Transport- und Handlingkosten die zwei wesentlichen Komponenten. Durch die Konsolidierung der Warenlieferungen liegen die Gesamttransportkosten beim Crossdocking erheblich unter denen der Direktbelieferung. Dafür entstehen aber innerhalb des CDZ Kosten für die Umkommissionierungen. Ein Nachteil der Direktbelieferung ist allerdings, dass jeder Empfänger bzw. jede Handelsfiliale mehrmals am Tag mit Lieferungen von verschiedenen Lieferanten angefahren werden muss. Dies verursacht einen enormen Zeit- und Koordinationsbedarf bei der Warenannahme der Filialen und somit wiederum zusätzliche Kosten. In einigen Fällen, in denen z. B. nur zu bestimmten Zeiten angeliefert werden darf oder Restriktionen hinsichtlich der Fahrzeuggrößen bestehen, ist eine Direktbelieferung teilweise gar nicht möglich.

2.4.2 Vergleich der Distributionsstrategien hinsichtlich Reaktionszeiten

Betrachtet man die Reaktionszeiten der Distributionsstrategien auf Veränderungen des Marktes, so wird in der Regel zwischen zwei verschiedenen Arten von Reaktionszeiten unterschieden.

Zum Einen gibt es die direkte Reaktionsfähigkeit, die dem Kunden zugesichert werden kann. Diese ist bei der Lagerhaltung am schnellsten, da diese auf Schwankungen in der Nachfrage direkt aus dem Distributionslager heraus reagieren kann, während sowohl das Crossdocking als auch die Direktbelieferung auf die Lieferanten zurückgreifen müssen und somit eine langsamere Reaktionszeit haben.

Betrachtet man allerdings die Reaktionszeit der gesamten Supply Chain, so kann die Direktbelieferung am schnellsten auf Veränderungen des Marktes reagieren. Da keine Lagerstufen zwischen Lieferant und Kunde liegen können Nachfrageänderungen direkt umgesetzt werden. Die Lagerhaltung zeigt die langsamste Reaktionszeit bei Betrachtung der gesamten Kette, da stets der Lagerbestand im Distributionszentrum zunächst abgebaut werden muss. Da Crossdocking hohe Frequenzen in der Anlieferung ermöglicht, ist die gesamte Supply Chain sehr reaktionsfähig auf Änderungen in der Marktnachfrage.

In Tabelle 2.1 sind noch einmal die wesentlichen Merkmale der verschiedenen Distributionsstrategien zusammenfassend dargestellt. In einer aktuellen Studie der Universität Hamburg (Lillig et al. 2005) wurden zwölf repräsentative Unternehmen nach ihrem Einsatz des Crossdocking-Konzepts befragt. Die Studie hat ergeben, dass mit Hilfe von Crossdocking-Zentren eine mittlere Reduktion des Lagerbestandes um 17 % erreichbar ist. Darüberhinaus kann die benötigte Lagerfläche um durchschnittlich 20 % verkleinert werden. Die mittlere Gesamtreduktion des Logistikkostenanteils an den Gesamtkosten wurde mit 25 % beziffert. Die genannten empirischen Werte bestätigen die enormen Einsparungen, die durch den Einsatz bestandsloser Umschlagzentren erzielt werden können. Der folgende Abschnitt beschreibt die hierfür notwendigen Voraussetzungen.

	Lager-haltung	Direkt-belieferung	Cross-docking
Reaktionsfähigkeit der ges. Kette	langsam	schnell	mittel
Reaktionsfähigkeit zum Kunden	schnell	mittel	mittel
Bestand (gesamte Kette)	hoch	niedrig	mittel
Koordinationsaufwand	niedrig	hoch	mittel
Transportkosten	niedrig	hoch	mittel

Tabelle 2.1: Qualitativer Vergleich verschiedener Distributionsstrategien (Alicke 2003, S. 165).

2.5 Voraussetzungen für die Implementierung

Nach Schaffer (2000) müssen vier Hauptvoraussetzungen gegeben sein, um eine effiziente und erfolgreiche Einführung von Crossdocking zu erreichen:

- Eine strategische Partnerschaft mit den Teilnehmern der Supply Chain,

- zuverlässige Produkteigenschaften und -qualität,

- die richtige Informationstechologie zur präzisen Abstimmung der Prozesse und

- das Personal und die Ausrüstung müssen den erhöhten Anforderungen gerecht werden.

Die wichtigste Voraussetzung ist die *strategische Partnerschaft* innerhalb der Distributionskette, da beim Crossdocking direkte Schnittstellen mit der vor- bzw. nachgelagerten Stufe der Supply Chain vorliegen. Die Ware verweilt nur sehr kurze Zeit im CDZ und es bleibt somit nur wenig Zeit für Qualitätskontrollen am Wareneingang. Dies erfordert Kooperationen im Bereich des Informationsaustausches und verbindliche Zusagen über Liefertermine und Qualität der Produkte.

Des weiteren muss eine Mindestmenge, die so genannte *kritische Masse*, über das CDZ abgewickelt werden, damit sich die erforderlichen Investitionen lohnen. Um die Kosteneinsparungspotenziale dieser Distributionstechnik realisieren zu können, müssen sich die anfangs getätigten Investitionen, insbesondere die in die partnerschaftlichen Kooperationen und in die Informationstechnologie, amortisieren. Dies kann nur bei entsprechend hoher Umschlagsmenge erreicht werden.

Weiterhin ist nicht jede Art von Produkt für den bestandslosen Warenumschlag geeignet. Da es sich beim Crossdocking um einen nahezu kontinuierlichen Warenfluss handelt, sind eine hohe Verfügbarkeit und eine verlässliche Qualität des dort umgeschlagenen Sortiments die wichtigsten *Produkteigenschaften* (Knill 2000, S. 93). Als besonders geeignet gelten Produkte mit einer gleichbleibend hohen Nachfrage und geringen Fehlmengenkosten, während sperrige oder nur unregelmäßig verfügbare Produkte eher ungeeignet sind (vgl. Abb 2.10).

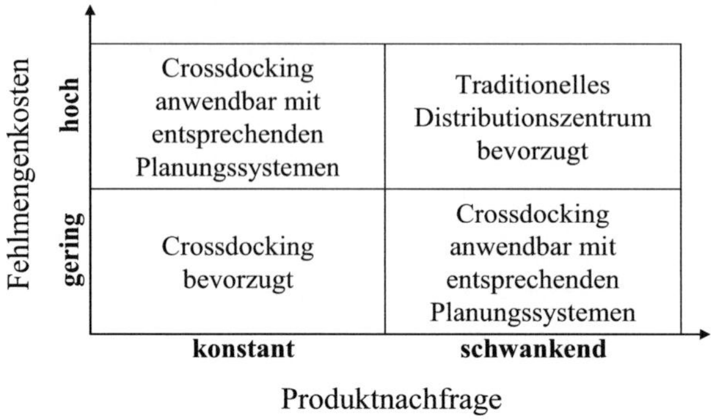

Abbildung 2.10: Eignung von Produkten für Crossdocking: Besonders geeignet sind Produkte mit konstanter Produktnachfrage und geringen Fehlmengenkosten. Durch geeignete Planungssysteme könnten für noch mehr Produkte die Vorteile des Crossdocking realisiert werden (Apte und Viswanathan 2000).

Um Schwankungen in der Nachfrage zu vermeiden, sei auf das Efficient Promotion als Basisstrategie der Efficient Consumer Response verwiesen.

Bei großen heterogenen Produktsortimenten oder bei unterschiedlichen partnerschaftlichen Konzepten mit verschiedenen Herstellern können auch hybride Strategien aus Crossdocking und tradtioneller Lagerhaltung angewendet werden. Die Anteile der in Deutschland via Crossdocking vertriebenen Produktgruppen wurden in Lillig et al. (2005) erhoben. Die Studie hat gezeigt, dass vor allem Aktionsware mittels Crossdocking in die Filialen im Einzelhandel gebracht wird (vgl. Abb 2.11). Wider Erwarten wird bisher nur rund ein Drittel der Frischware und nur 18% der Tiefkühlware mittels Crossdocking vertrieben.

Für eine präzise Abstimmung der Prozesse untereinander stellt die *Informationstechnologie* eine wichtige Komponente dar. Bestellungen müssen rechtzeitig beim Hersteller eingehen, damit genügend Zeit zur Reaktion bleibt. Um am CDZ effizient planen zu können, müssen Informationen darüber vorliegen, wann Warenlieferungen ankommen und für welche Ziele sie bestimmt sind. Die Informationslogistik spielt also insbesondere bei der Steuerung von CDZ eine sehr wichtige Rolle. Die für die Anpassung der implementierten Warehouse-Management-Systeme nötigen Kosten dürfen für eine erfolgreiche Crossdocking-Implementierung nicht vernachlässigt werden (Logistics Management 1997).

Weiterhin sollten die *erhöhten Anforderungen an Personal und Ausrüstung* im Vergleich zu einem herkömmlichen Umschlagzentrum nicht unterschätzt werden. Während die Lagerung und Kommissionierung beim Crossdocking reduziert werden, steigen die Anforderungen bei der Warenannahme und bei der Verladung, da die Prozesse zeitlich eng aufeinander abgestimmt sind. Um die Ware pünktlich am richtigen Abfertigungstor zur Verladung bereit stehen zu haben, muss der Transport der Ware zwischen den Abfertigungstoren genau koordiniert werden. Auf Grund der ineinander greifenden Prozesse, die nicht nur mengenmäßig, sondern auch zeitlich abgepasst werden müssen, wird insbesondere die Planung bzw. Steue-

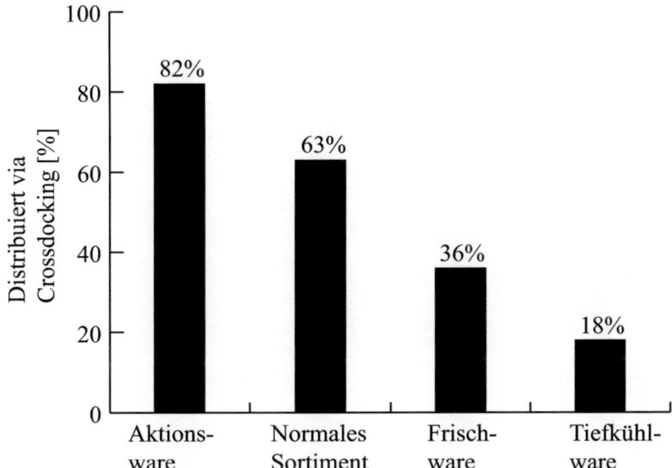

Abbildung 2.11: Ergebnisse einer empirischen Studie über die Anteile via Crossdocking distribuierter Produktgruppen in Deutschland: Der überwiegende Teil der Aktionsware wird bereits mittels Crossdocking vertrieben. Insbesondere der Anteil der Frischwaren könnte gesteigert werden (Lillig et al. 2005).

rung des Materialflusses erheblich erschwert. Hinzu kommt, dass durch den Verzicht auf die Lagerung das System störanfälliger wird, da die Prozesse nicht mehr durch Bestand entkoppelt sind.

Lillig et al. (2005) haben in ihrer Studie deutsche Handelsunternehmen zum Einsatz von Crossdocking befragt. Die Studie kommt zu dem Ergebnis, dass die unternehmerische Praxis noch deutlich vom wissenschaftlichen Kenntnisstand abweicht und noch nicht das gesamte Potenzial ausgeschöpft wird. Zwar setzen alle befragten Unternehmen Crossdocking ein, jedoch wird nur ein Anteil von durchschnittlich 20 % des Beschaffungsvolumens mittels Crossdocking umgeschlagen[2]. Als Hauptgrund werden Probleme in der organisatorischen Umsetzung des Crossdocking-Konzepts genannt. Die Anpassung der operativen Prozesse der beteiligten Unternehmen erzeugt einen großen Koordinationsaufwand, vor dem viele Unternehmen zurückschrecken.

Bereits 1997 war in einem Beitrag des amerikanischen Magazins *Material Handling Engineering* zu lesen:

„We'll be seeing more crossdocking, and soon. I think one of the principal barriers has been, that crossdocking requires a lot of supply chain synchronisation, which, in turn, relies on better information and planning [..] Actually, there is a lot of potential for crossdocking.

---

[2]Bis auf wenige Ausnahmen führten alle befragten Unternehmen Crossdocking in speziell eingerichteten Zonen in bestehenden Lagern durch und nicht in eigens dafür vorgesehenen Standorten.

Any company that can order parts or even subassemblies in precise quantities for delivery at precise times, could establish a crossdocking program (Witt 1997)."

In den folgenden Kapiteln leistet diese Dissertation einen Beitrag, die Schwierigkeiten der operativen Planung und Steuerung von Crossdocking-Konzepten zu überwinden, damit es Unternehmen möglich ist, die Potenziale dieser Distributionstechnik besser ausschöpfen zu können.

3 Grundlagen der Planung und Steuerung von Crossdocking-Zentren

In Kapitel 2 wurde eine Einführung in die Thematik des Crossdockings gegeben. Die gezeigten Klassifizierungen erlauben eine genaue Beschreibung von praktischen Crossdocking-Implementierungen. Darüber hinaus wurde auf die wirtschaftlichen Vorteile eingegangen, die durch den Einsatz von CDZ, insbesondere unter Berücksichtigung der das Crossdocking-Konzept umfassenden Strategie der Efficient Consumer Response, realisiert werden können.

In diesem Kapitel werden die Grundlagen der Planung und Steuerung von CDZ dargelegt. Dazu werden zunächst die verschiedenen Ebenen der Planung und Steuerung näher beleuchtet und die derzeit vorhandene wissenschaftliche Literatur zu diesen Themen aufgearbeitet. Da in dieser Arbeit der Schwerpunkt auf die operative Planung und Steuerung gelegt wird, werden die verschiedenen Komponenten des operativen Bereichs vertiefend erläutert. Es wird gezeigt, dass sich die Planung und Steuerung von CDZ in drei grundlegende Segmente unterteilen lässt: das Tourenplanungsproblem der an- und abfahrenden Fahrzeuge, das Zuordnungsproblem der Lkw an die Warenein- und -ausgangsrampen sowie das Ressourceneinsatzplanungsproblem innerhalb des CDZ.

Da Kooperationen in logistischen Ketten einen direkten Einfluss auf die operativen Entscheidungen haben bzw. der Grad der Kooperation in hohem Maße auf den operativen Entscheidungsspielraum einwirkt, wird auf diese Punkte in einem eigenen Abschnitt eingegangen.

Logistische Planungs- und Steuerungsaufgaben können sehr gut im Rahmen von Outsourcingprojekten an Dienstleister abgegeben werden. Dabei können enorme Kostensenkungspotenziale realisiert werden. Gleichzeitig müssen aber neue Schnittstellen geschaffen werden, um den Dienstleister in die firmeneigenen Prozesse zu integrieren. Nach einer grundlegenden Betrachtung der Vor- und Nachteile, die bei einer Vergabe des CDZ-Betriebs an einen externen Logistikdienstleister entstehen, schließt das Kapitel mit der Beschreibung zweier Szenarien zum Betrieb von CDZ, die als Grundlage für die zu entwickelnden Steuerungsverfahren dienen werden.

3.1 Strategische und taktische Planung von Crossdocking-Zentren

Im Rahmen von strategischen Planungen werden alle Entscheidungen mit einem langfristigen Zeithorizont, typischerweise in der Größenordnung von mehr als fünf Jahren, betrachtet. Diese Entscheidungen betreffen einen großen Teil der Unternehmensorganisation und gehen in der Regel mit erheblichen finanziellen Ausgaben einher. Die strategische Planung von CDZ beinhaltet vor allem die Wahl geeigneter Standorte sowie die erforderliche Größe und Bauform. Ebenso spielen Fragen bezüglich des zu bewältigenden Warenflusses und der damit verbundene Aufbau eines Transportnetzes eine sehr wichtige Rolle.

Die taktische Planung beschäftigt sich mit mittel- bis langfristigen Aktivitäten (Zeithorizont < fünf Jahre) wie z. B. dem Kauf neuer Ausrüstungen, Kapazitätsanpassungen auf Grund von Nachfrageprognosen oder einer veränderten finanziellen Situation der Firma. Das Design bzw. die Auswahl des Transportnetzes fällt ebenfalls in die Ebene der taktischen Planung.

Die Trennung in mittel- und langfristige Planungsaufgaben kann nicht immer scharf vollzogen werden. Die Abgrenzung zur kurzfristigen (operativen) Planung und Steuerung ist jedoch meist eindeutig, da hier Entscheidungen auf Tages- bzw. maximal Wochenbasis getroffen werden. Im Folgenden wird auf verschiedene in der Literatur behandelte Problemstellungen eingegangen, die der strategischen/taktischen Planung zuzuordnen sind und somit klar von der operativen Planung und Steuerung eines CDZ abgegrenzt werden können.

3.1.1 Standort- und Netzwerkplanung

Bei der Errichtung eines CDZ steht man zunächst vor der Frage der richtigen Standortwahl. In der Literatur ist diese Problematik als *Warehouse Location Problem (WLP)* bekannt. Im Allgemeinen geht man beim WLP von einer Menge potenzieller Standorte aus, von denen diejenigen ausgewählt werden, die unter Einhaltung aller Restriktionen die Zielfunktion minimieren. Es gibt zahlreiche Modellerweiterungen für das WLP, das bekannteste ist das *Capacitated Warehouse Location Problem (CWLP)*, bei dem die zu suchenden Standorte Kapazitätsrestriktionen bezüglich ihrer Umschlagsleistung besitzen. Eine ausführliche Übersicht über bestehende Modelle und Erweiterungen des WLP sowie der entsprechenden Literatur bietet Blunck (2005).

Sung und Song (2003) stellen ein spezielles Modell zur Standortbestimmung von CDZ vor, welches unter Berücksichtigung der Netzwerkstruktur und bei bekannten Liefermengen die optimalen Standorte der CDZ aus einer Liste potentieller Standorte bestimmt. Ziel ist die Minimierung der Gesamtkosten der entstehenden Supply Chain Struktur bei gezieltem Einsatz von CDZ. Zusätzlich lassen sie direkte Lieferanten-Kunden Relationen zu und allozieren Fahrzeuge auf diese Relationen.

Gümus und Bookbinder (2004) verfolgen die gleiche Zielsetzung. Es werden verschiedene Distributionsprobleme aufgestellt und eine Heuristik zur Bestimmung der CDZ-Standorte angewendet. Auch hier ist die Menge potentieller Standorte vorgegeben, aus denen diejenigen ausgewählt werden, die die Gesamtkosten reduzieren. Die früheren Arbeiten von Sung und Song (2003) werden dabei nicht berücksichtigt.

In Ratliff et al. (1999) wird ein Modell vorgestellt, das bei gegebenem Transportbedarf zwischen Lieferanten und Kunden ermittelt, welche potenziellen CDZ eingerichtet und welche direkten Verbindungen zwischen Lieferanten, CDZ und Kunde hergestellt werden sollen.

Während es in den bisherigen Modellen die zentrale Frage war, an welchen Orten CDZ errichtet werden sollen, wird in Donaldson et al. (1999) von bereits bestehenden CDZ-Standorten ausgegangen. In ihrem Modell existieren drei Arten von Verbindungen. Es gibt zum einen direkte Verbindungen zwischen Lieferanten und Kunden und zum anderen die

Verbindungen Lieferant-CDZ und CDZ-Kunde. Ziel der Modellierung ist es, die Gesamtzahl benötigter Transportmittel für alle Verbindungen zu minimieren.

In den Veröffentlichungen von Donaldson et al. (1999) und Ratliff et al. (1999) werden Modelle und Verfahren vorgestellt, mit denen Fahrpläne für Crossdocking-Netzwerke erstellt werden können, die keinen besonderen Bedarfsschwankungen unterliegen. In diesen sog. *schedule-driven crossdocking networks* wird ein über längere Zeit gleichbleibender An- und Abfahrtsplan der Transportmittel erstellt. Eine individuelle Anpassung an variierende Warenlieferungen findet dabei nicht statt. Diese wird nur in den von den Autoren als *load-driven* bezeichneten Netzwerken vorgenommen. In diesem Fall wird eine Verbindung nur eingerichtet, wenn eine vorher definierte Mindestmenge erreicht wird. Eine operative Anpassung der Tourenplanung an den Transportbedarf findet nicht statt, da nur von Direktfahrten zum und vom CDZ ausgegangen wird.

3.1.2 Dimensionierung

Nachdem die Standorte zur Errichtung der CDZ ermittelt sind, sollte die notwendige Größe, d.h. die Anzahl der Abfertigungstore und der benötigte Raum für den Warenumschlag festgelegt werden. Diesen Vorgang bezeichnet man als Dimensionierung. Die Abfertigungstore (Dock-Doors) der Warenein- und -ausgänge unterscheidet man in *Stripdoors* bzw. *Inbound-Doors* für den Warenempfang und *Stackdoors* bzw. *Outbound-Doors* für die Beladung der abfahrenden Lkw. Ihre Anzahl hängt vor allem von der Umschlagsmenge, der Anzahl durchschnittlich ankommender bzw. abfahrender Lkw und den Be- und Entladezeiten ab. Für die Festlegung des benötigten Platzbedarfes spielen weiterhin die durchschnittliche Verweilzeit, die Art des Crossdockings und die verwendete Ausrüstung eine wichtige Rolle. Werden zudem Mehrwertdienste (z. B. Konfektionierung oder Etikettierung) bereitgestellt, muss dies ebenfalls im Platzbedarf berücksichtigt werden. Selbstverständlich sollten bei Festlegung der Größe auch zukünftige Entwicklungen wie z. B. eine geplante Expansion berücksichtigt werden.

Die Arbeiten von Donaldson et al. (1999), Bartholdi III. et al. (2001) und Gue und Kang (2001) beschäftigen sich alle mit der Dimensionierung von CDZ. Die Veröffentlichungen haben gemeinsam, dass das Dimensionierungsproblem nicht explizit, sondern indirekt behandelt wird.

Donaldson et al. (1999) ermitteln die Anzahl nötiger Abfertigungstore über die Anzahl benötigter Transportverbindungen durch das CDZ. Primäres Ziel ist die Ermittlung eines längerfristig gültigen Transportplanes (Netzwerkplanung) zur kostenminimalen Verteilung von Waren innerhalb der gesamten USA für einen großen amerikanischen *Kurier-Express-Post(KEP)*-Dienstleister. Ausgehend von einem Direktverkehrsnetzwerk werden innerhalb eines Mixed-Integer-Modells Transportverbindungen über existierende Crossdocking-Punkte gerouted. Aus der Anzahl der nötigen Transportverbindungen kann dann indirekt die benötigte Größe des CDZ abgeleitet werden.

Bartholdi III. et al. (2001) und Gue und Kang (2001) betrachten die beim Warenumschlag entstehenden *staging queues*, also die Warteschlangen bei der Materialbereitstellung, innerhalb des CDZ. In beiden Arbeiten werden das ein- und zweistufige Crossdocking mittels stetiger Warteschlangenmodelle abgebildet und hinsichtlich der mittleren Anzahl Elemente im System untersucht. Der dafür notwendige Platzbedarf kann schließlich zur Dimensionierung eines CDZ herangezogen werden.

3.1.3 Layoutplanung

In Bartholdi III. und Gue (2004) wird die Eignung verschiedener Bauformen in Abhängigkeit der Anzahl Dock-Doors untersucht. Die Arbeit legt dabei den Schwerpunkt auf die Auswirkung, die die geometrische Form auf die Personalkosten hat und beschreibt ein Modell, das für einige Formen die durchschnittlich zurückgelegten Distanzen und die damit verbundenen Kosten ermittelt. Die Untersuchungen zeigen, dass generell für kleinere CDZ die I-Form geeigneter ist, während für größere (150-200 Abfertigungstore) die T-Form und für sehr große (mehr als 200 Abfertigungstore) die X-Form bevorzugt werden sollte. In Abbildung 3.1 sind die untersuchten Formen für das Layout von CDZ skizziert.

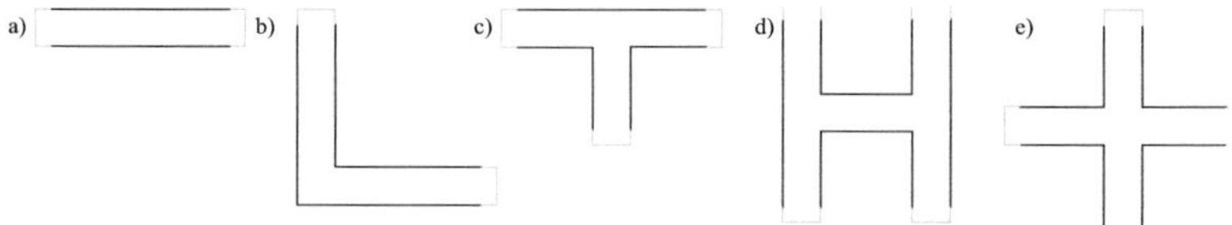

Abbildung 3.1: Verschiedene Layouts von CDZ: a) I-Form, b) L-Form, c) T-Form, d) H-Form, e) X-Form Bartholdi III. und Gue (2004).

Eine weitere Komponente der Layoutplanung ist die Festlegung, welche Tore für den Wareneingang und welche für die Verladung genutzt werden sollen. Ein Modell für diese Festlegung findet sich in Bermudez und Cole (2001). Dabei werden die Abfertigungstore geographischen Gebieten zugeordnet. Ein Tor wird also entweder einem Zielgebiet für die Auslieferung oder einem Herkunftsgebiet für die Warenanlieferung zugeordnet. Anschließend werden die durchschnittlich anfallenden Transportmengen zwischen den Herkunfts- und Zielgebieten als Gewichtungsfaktor verwendet, um die Distanzen innerhalb des CDZ zu minimieren. Zum Einsatz kommt dabei ein genetischer Algorithmus, der das entstehende quadratische Zuordnungsproblem löst. Ziel ist die gewichtete Gesamtdistanz innerhalb des CDZ zu minimieren.

Chmielewski und Clausen (2005) stellen ein Mehrgüterflussproblem vor, mit dem die Zuordnung von Transportrelationen, die eine Stückgutspeditionsanlage durchlaufen, an die Warenein- und -ausgangsrampen vorgenommen wird. Dabei werden die ausgehenden Relationen bestimmten Abfertigungstoren fix zugeordnet. Eingehende Relationen haben etwas Spielraum und können mehreren Abfertigungstoren zugeordnet werden. Gelöst wird das Problem mit einem exakten Branch-and-Cut-Verfahren.

Sowohl die Veröffentlichung von Bermudez und Cole (2001) als auch die von Chmielewski und Clausen (2005) haben das Ziel, langfristige Torbelegungen zu bestimmen. In beiden Modellen wird die Zielfunktion allein durch die innerbetrieblichen Abläufe und die entstehenden Kosten für Fläche und Handling innerhalb des CDZ, respektive der Stückgutspeditionsanlage beeinflusst. In keiner der Betrachtungen sind vor- oder nachgelagerten Prozesse berücksichtigt.

3.1.4 Ausrüstungsauswahl

Die im CDZ verwendete Ausrüstung ist vor allem von den Eigenschaften der umzuschlagenden Produkte abhängig. Weiterhin spielen die eingesetzte Informationstechnologie und der Automatisierungsgrad in einem CDZ eine wichtige Rolle. Es gibt bisher keine wissenschaftlichen Arbeiten die sich direkt mit der Beurteilung der Ausrüstung von CDZ beschäftigen. Lediglich Bartholdi III. et al. (2001) haben im Zuge der bedientheoretischen Modellierung von CDZ die Vorteile des Einsatzes von Durchlaufregalen und deren Auswirkung auf die Durchlaufzeit in CDZ diskutiert. Darüber hinaus sind dem Autor keine Arbeiten bekannt. Insbesondere mit Blick auf die neue Identifikationstechnik der *Radio Frequency Identification (RFID)* wäre jedoch eine Beurteilung der Ausrüstung von CDZ interessant, da hier weiteres Potenzial liegt, um Umschlagzeiten zu verkürzen. So kann eine Vielzahl von Artikeln bzw. Versandeinheiten nahezu gleichzeitig erfasst und die Durchlaufzeit im Wareneingang erheblich reduziert werden. Auch wenn die RFID-Technologie zum jetzigen Zeitpunkt noch keine Marktreife besitzt, konnte in einem Pilotprojekt des britischen Handelsriesen Tesco der Zeitbedarf für eine komplette Lkw-Entladung von durchschnittlich 23 auf 3 Minuten reduziert werden (Bretzke und Klett 2004).

3.2 Operative Planung und Steuerung von Crossdocking-Zentren

Im Rahmen der operativen Steuerung des Warenflusses durch ein CDZ ist eine der ersten Entscheidungen die man treffen muss, die Bestimmung der zu liefernden Warenmengen an die Kunden. Bei diesem Dispositionsprozess kann grundsätzlich zwischen zwei verschiedenen Strategien unterschieden werden: *Push* und *Pull*.

Pull: Die Pull-Strategie bestimmt auf Basis des Kundenbestandes die notwendige Menge an nachzuliefernden Gütern. Sie ist daher verbrauchsorientiert und kann gut in Verbindung mit einem VMI-Konzept implementiert werden, um eventuelle künstliche Varianzen in den Bestellungen der Kunden zu reduzieren. In der Regel wird für herkömmliche Produkte, die in jedem Supermarkt zu erhalten sind und die langfristig im Sortiment bleiben, die Pull-Strategie verwendet (Witt 1998).

Push: Bei der Push-Strategie, wird von zentralen Planern bestimmt, welche Ware in welcher Menge an die Kunden versendet werden. Meist wissen die Empfänger dabei bis zur Ankunft der Ware nicht, welche Produkte sie erhalten. Da bei der Push-Strategie die Nachfragevarianzen der Kunden nicht beachtet werden und somit keine Notwendigkeit mehr für Sicherheitsbestände auf Seiten des Lieferanten besteht, ist diese Strategie für Crossdocking

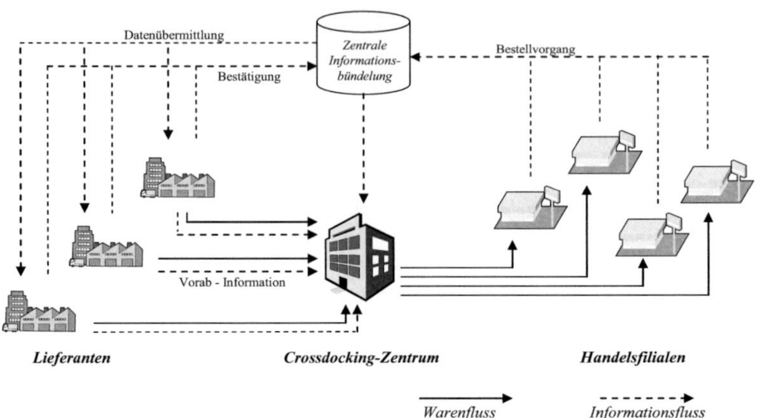

Abbildung 3.2: Beispielhafter Informationsfluss zur Belieferung von Handelsfilialen mittels Crossdocking: Die Bestellungen werden an einer zentralen Stelle gebündelt und an die Lieferanten übermittelt. Diese bestätigen die Lieferbereitschaft an die Zentrale und liefern nach einer Vorabinformation (Lieferavisierung) an das Crossdocking-Zentrum.

besonders geeignet. Da zusätzlich die informationstechnologischen Voraussetzungen geringer sind, findet man diese Strategie im Zusammenhang mit Crossdocking in der Praxis schon sehr häufig, insbesondere für zeitlich beschränkte Sonderaktionen, sogenannte Aktionsware (Abbildung 2.11).

Abbildung 3.2 veranschaulicht beispielhaft den Informationsfluss einer Crossdocking-Implementierung im Handel zur Belieferung von Filialen (Retail Crossdocking). Dargestellt ist die Pull-Strategie, bei der die Filialen ihre Bestellungen an ein zentrales Dispositionssystem übermitteln. Dieses bestimmt daraufhin, die zu liefernden Mengen und übermittelt diese Informationen an die Lieferanten. Unabhängig davon, ob die Warendisposition mittels der Push- oder Pullstrategie durchgeführt wurde, müssen im operativen Betrieb eines Crossdocking-Zentrums mehrere Teilprobleme simultan gelöst werden, um einen kostenoptimalen Betrieb zu gewährleisten. Diese lassen sich in drei Teilbereiche untergliedern:

1. Planung der Sammel- und Verteilfahrten (Tourenplanung oder Vehicle Routing)

2. Planung von Ressourcen- und Personaleinsatz (Resource Scheduling)

3. Zuordnung von ankommenden bzw. abfahrenden Fahrzeugen an Abfertigungstoren und Bestimmung von Abfertigungszeitfenstern (Torbelegung oder Dock Door Assignment).

Diese drei Planungsbereiche beeinflussen sich gegenseitig, verfolgen jedoch unterschiedliche Optimierungsziele. Daher sind z.B. die Ergebnisse des Dock Door Assignments selten identisch mit den Ergebnissen des Vehicle Routings, das zum Ziel hat, kostenoptimale

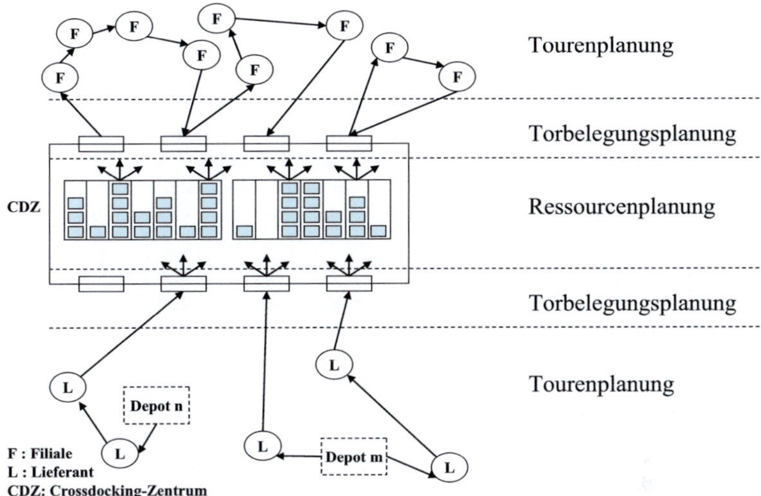

Abbildung 3.3: Teilprobleme der operativen Steuerung eines Crossdocking-Zentrums: Zunächst müssen die Touren der Sammelfahrten geplant werden. Diese müssen mittels der Torbelegungsplanung mit der internen Ressourcenplanung koordiniert werden und schließlich wieder mittels einer Torbelegungsplanung an die Tourenplanung der Distribution angepasst werden.

Sammel- und Verteilfahrten zu planen. Im Folgenden werden die drei Planungsprobleme unabhängig voneinander vorgestellt, um besser auf Details der einzelnen Bereiche einzugehen. Abbildung 3.3 zeigt die genannten Teilprobleme graphisch auf. Diese orientieren sich an der in 3.2 gezeigten beispielhaften Implementierung im Bereich Retail Crossdocking. Dabei müssen Waren bei den Lieferanten, von einem oder mehreren Depots beginnend, abgeholt werden und zum CDZ gebracht werden. Dort werden sie (einstufig) umgeschlagen und auf die ausliefernden Lkw geladen, welche sie zu den Filialen bringen und wieder zum CDZ zurückkehren.

3.2.1 Tourenplanung

Die operative Steuerung soll den Fluss der Waren vom Hersteller bzw. Lieferanten über das CDZ bis hin zu den Kunden bzw. den Handelsfilialen koordinieren. Es muss also sowohl eine Tourenplanung für die Anlieferung der Waren am CDZ als auch eine Tourenplanung für die Distribution erstellt werden. Wesentliche Komponenten, die bei der Planung der Warenflüsse zu beachten sind, sind vor allem die vorhandenen Fahrzeugkapazitäten und Zeitrestriktionen für die Anlieferung. Eine der größten Herausforderungen bei der Steuerung von CDZ liegt darin, die Tourenplanungen bzw. Ankunfts- und Abfahrtszeiten so aufeinander abzustimmen, dass ein möglichst guter Durchfluss der Waren durch das CDZ erzielt werden kann, ohne dass die Waren zu lange im CDZ verweilen oder zeitliche Restriktionen innerhalb der Distribution verletzt werden.

Für ein effizientes Crossdocking sind also Touren zu bestimmen, die sowohl für die Auslieferung der Waren als auch für den Transport von den Lieferanten zum CDZ unter Berücksichtigung von Fahrzeugkapazitäten kostenminimal sind. Strukturell sind die beiden Tourenplanungsprobleme sehr ähnlich. In beiden Fällen handelt es sich um depotbezogene Transportaufträge, lediglich die Richtung der Transportrelation ist verschieden: Im Vorlauf liegen Kunde-Depot-Relationen, im Nachlauf dagegen Depot-Kunde-Relationen vor.

Diese Problemstellung wird in der Literatur als „Tourenplanungsproblem mit Zeitfensterrestriktionen" *(Vehicle Routing Problem with Time Windows, VRPTW)* bezeichnet. Das Tourenplanungsproblem stellt ein kombiniertes Gruppierungs-, Zuordnungs- und Reihenfolgeproblem dar. Die Planung hat dabei so zu erfolgen, dass jede Route am Depot beginnt und endet, alle Kunden innerhalb ihrer Zeitfenster bedient werden und die Kapazität der Fahrzeuge eingehalten wird. Zielsetzungen solcher Tourenplanungen können z. B. die Minimierung der Gesamtstrecke, der Transportkosten oder der Fahrzeuganzahl sein. Dabei sind die Begriffe *Touren* und *Routen* zu differenzieren. Beide bezeichnen eine Menge von Kunden, die vom gleichen Fahrzeug besucht werden. Im Unterschied zur Tour beschreibt die Route die Reihenfolge der Kunden innerhalb einer Tour.

Die Literatur zum VRPTW ist sehr umfangreich. Als richtungsweisend für die Forschung kann Solomon (1987) angesehen werden. Das Standardproblem sowie zahlreiche Problemvarianten sind ausführlich in Toth und Vigo (2002) beschrieben. Eine gute Übersicht über Routenplanungsprobleme in Netzwerken bieten Ball et al. (1995).

In der speditionellen Praxis ist es üblich, Transportaufträge teilweise fremd zu vergeben. Diese aus logistischer Sicht interessante Variante des VRPTW wurde detailliert von Pankratz (2002) beschrieben und es wird auch ein entsprechendes Lösungsverfahren entwickelt.

Eine Variante des VRPTW ist das *Pick-up and Delivery Problem with Time Windows (PDPTW)*, bei dem die auszuliefernden Waren zuerst eingesammelt werden müssen (Savelsberg und Sol (1995) und Dumas et al. (1991)). Diese Variante ist besonders für die Planung der Sammelfahrten vom Lieferanten zum CDZ relevant.

Beim Betrieb eines CDZ ist es oft üblich, dass zumindest ein Teil der Distribution im innerstädtischen Verkehr stattfindet. In Szenarien mit relativ kurzen Fahrzeiten kommt es häufig vor, dass eine einzelne Tour ein Fahrzeug zwar kapazitätsmäßig voll auslastet, aber nur einen Bruchteil der zur Verfügung stehenden Einsatzzeit beansprucht. Für diese Planungssituation ist es daher üblich, dass die eingesetzten Fahrzeuge, sobald sie nach beendetem Einsatz und einer gegebenenfalls notwendigen Einsatzunterbrechung wieder verfügbar sind, erneut verplant werden müssen. Der erneute Einsatz der Fahrzeuge wird als Wieder- bzw. Mehrfacheinsatz bezeichnet. Ansätze für die Modellierung des mehrfachen Einsatzes von Fahrzeugen innerhalb von Routenplanungsproblemen finden sich bei Gabouj und Damoul (2003) und Zhao et al. (2002).

Oft kann die Anlieferung von Waren nicht nur innerhalb eines bestimmten Zeitfensters stattfinden, sondern es können mehrere mögliche Zeitfenster für die Belieferung spezifiziert werden. Man kann sich leicht vorstellen, dass einige Kunden nicht während der Mittagszeit beliefert werden können oder aufgrund von Verkehrsregelungen nur Anlieferungen am Anfang und am Ende eines Tages möglich sind. Stehen bei einigen Kunden mehrere verschiedene Zeitfenster zur Verfügung, so spricht man auch vom *Vehicle Routing Problem with multiple Time Windows (VRPMTW)*. Eine Berücksichtigung dieses Aspektes im Rahmen des VRPTW findet sich unter anderem bei de Jong et al. (1996).

In einigen Fällen ist man auch bereit, gewisse Verspätungen zuzulassen, um so ein günstigeres Gesamtergebnis für die Routenplanung zu erhalten. Jede Verspätung wird dabei mit kundenspezifischen Straf- bzw. Verspätungskosten versehen. In der Literatur spricht man in diesen Fällen auch vom *Vehicle Routing Problem with Soft Time Windows (VRPSTW)*. Eine Möglichkeit zur Modellierung weicher Zeitfenster findet sich bei Taillard et al. (1997).

Die Tourenplanung erweist sich insbesondere dann als schwierig, wenn die Fahrzeiten der Transportmittel auf Grund des hohen Verkehrsaufkommens stark schwanken. Für die Steuerung ist daher eine gute Prognose der wahrscheinlichen Fahrzeiten sehr wichtig. Wichtige Grundlagen hierfür wurden innerhalb des Forschungsprojekts OVID (Stärkung der Selbstorganisationsfähigkeit im Verkehr durch I+K gestützte Dienste)[1] gelegt. Innerhalb dieses Projekts wurde ein mikroskopisches Verkehrssimulationsmodell erstellt, mit dessen Hilfe kurzfristige Verkehrsprognosen ermittelt werden können. Diese Prognosen können dann in logistischen Planungsproblemen wie dem VRPTW verwendet werden, um zuverlässige Tourenpläne zu erstellen. Diese Tourenpläne sind robust gegen Störungen innerhalb des Verkehrssystems (Stickel et al. (2004), Stickel und Schleyer (2004)) bzw. die Sammel- und Verteilfahrten werden in Zeiten mit niedriger Verkehrsdichte eingeplant (Stickel et al. 2005).

3.2.2 Ressourcenplanung

Die Einsatzplanung von Personal und Ressourcen *(Resource Scheduling)* bildet den zweiten zentralen Aspekt der operativen Steuerung. Hier muss man sich vor allem mit der Frage „Wie viele Mitarbeiter und Geräte werden zu welcher Zeit wo benötigt?" beschäftigen.

Dabei müssen beispielsweise den zu fahrenden Gabelstaplerrouten Fahrer zugewiesen und der Personaleinsatz muss dem zeitlichen und mengenmäßigen Warendurchfluss angepasst werden. Wird umkommissioniert oder werden zusätzliche Value Added Services (z. B. Etikettierung, Konfektionierung von Aktionsware) vorgenommen, so ist auch hierfür das Personal einzuplanen. Weiterhin müssen die für den Ablauf benötigten Ressourcen koordiniert werden. Neben der Einsatzplanung für die Transportmittel ist dabei insbesondere auf eine geschickte Einteilung des Platzbedarfes für die temporäre Lagerung zu achten. Das Resource Scheduling ist im Gegensatz zum Vehicle Routing nicht unabhängig vom physischen Aufbau eines CDZ. Die zu erbringenden Leistungen innerhalb des CDZ (Aufbrechen der Ware, Kommissionieren, Value Added Services, Verpacken etc.) haben direkten Einfluss auf die Komplexität der Planung.

Die auftretenden Planungsprobleme gehören zur Familie der Belegungs-, Zuordnungs- oder Schedulingprobleme. Die Grundlagen hierfür finden sich bei Neumann (1996) und Pinedo (2001). Beim Scheduling werden Ressourcen zeitlich mit dem Ziel alloziert, eine Menge an Aufgaben gegebenenfalls optimal durchführen zu können.

---

[1]`www.ovid.uni-karlsruhe.de`

Für die Prozesse, die innerhalb des CDZ stattfinden, wurden ebenfalls Modelle und Verfahren entwickelt.

In Park (2000) wird der Frage nachgegangen, wie die temporäre Lagerung der Waren beim Crossdocking organisiert werden kann. Dazu stellen die Autoren ein Optimierungsproblem auf, das aus gegebenen Lagerorten innerhalb eines Standortes den jeweils optimalen heraussucht und so, bei gleichzeitig kostenminimaler Belegung der dabei verwendeten Ressourcen, einen effizienten Fluss durch den Standort ermöglicht. Das verwendete Modell hat vielfältige Anwendungsfeldern, z. B. wird auch auf Einsatzmöglichkeiten im Produktions- und Hafenumfeld hingewiesen.

Li, Lim und Rodrigues (2004) vergleichen den Durchfluss der Waren durch ein CDZ mit einem Produktionsbetrieb. Daher modellieren sie alle im CDZ anfallenden Tätigkeiten als Maschinenbelegungsproblem oder *Job-Shop-Scheduling-Problem (JSP)*. Die auszuführenden Aufgaben sind hier als eine Menge von Jobs gegeben, die jeweils aus einer Menge einzelner Operationen bestehen, die in einer bestimmten Reihenfolge ausgeführt werden müssen. Das dadurch entstehende Optimierungsproblem wird mit Hilfe zweier Heuristiken gelöst. Die Arbeit von Li et al. (2004) ist direkt dem Resource Scheduling eines CDZ zuzuordnen und liefert eine gute Basis für die Entwicklung weiterer Modelle zum Resource Scheduling eines CDZ. Es werden allerdings keineswegs die Aufgaben des Vehicle Routing der ankommenden Fahrzeuge in Betracht gezogen. Analog zur JIT-Planung in der Automobilindustrie werden die Anfahrtszeitfenster der Lkw als Variable gesehen und die innerbetrieblichen Abläufe werden einseitig optimiert. Eventuelle Kostenvorteile auf Seiten der Tourenplanung können nicht ausgeschöpft werden.

3.2.3 Torbelegungsplanung

Die Torbelegungsplanung oder *Dock Door Assignment* ist die dritte und letzte zentrale Aufgabe im Rahmen der CDZ-Steuerung, die darin besteht, ankommende und abfahrende Transportmittel auf die entsprechenden Strip- bzw. Stackdoors aufzuteilen. Dies geschieht sowohl räumlich (Tor für die Abfertigung) als auch zeitlich (Zeitfenster für die Abfertigung). Dabei sollte versucht werden, die Transportzeiten bzw. Transportdistanzen innerhalb des CDZ zu minimieren.

Zudem kann an dieser Stelle eine Priorisierung bestimmter Warenflüsse vorgenommen werden. In der Praxis ist es oft üblich, dass Zielgebieten Stackdoors fest zugeordnet werden, während ankommende Transportmittel ohne bestimmte Regel freien Stripdoors zugewiesen werden (Bermudez und Cole 2001).

In Gue (1999) und Bartholdi III. et al. (1999) wird gezeigt, dass eine Torbelegungsplanung ankommender Transportmittel unter Berücksichtigung der geladenen Ware und der entsprechenden Zielgebiete die Arbeitskosten für das Handling innerhalb des Crossdocks um bis zu 20 % reduzieren kann. Eine wesentliche Voraussetzung für die Erzielung solcher Werte ist dabei der bereits erwähnte Informationsvorlauf.

In Tsui und Chang (1992) wird ein Verfahren vorgestellt, durch das Ziel- und Quellgebiete fest an die jeweiligen Abfertigungstore zugewiesen werden, um so die gewichtete Distanz für den Warenfluss innerhalb des Gebäudes minimieren zu können. In Bartholdi III. et al.

(1999) wird dieser Ansatz aufgegriffen und um Komponenten für evtl. Stauungen im Warenfluss erweitert.

In beiden Veröffentlichungen werden feste Zuordnungen von Ziel- und Quellgebieten zu Dock Doors unterstellt.

Die bereits in Abschnitt 3.1.3 zitierten Arbeiten von Bermudez und Cole (2001) und Chmielewski und Clausen (2005) beschäftigen sich ebenfalls mit dem Problem der Torbelegung. Die vorgestellten Planungsverfahren sind jedoch der längerfristigen Planung zuzuordnen, da sie das Ziel haben, fixe Belegungspläne zu erstellen, um darauf aufbauend bspw. verbesserte Layouts zu ermitteln. Eine zeit- und mengenmäßige Koordination der kurzfristigen Warenflüsse findet nicht statt.

Für eine ganzheitliche operative Optimierung des Crossdocking-Prozesses sollte die Torbelegung jedoch nicht starr, sondern in Abhängigkeit der jeweils ankommenden Warenmenge stattfinden, sodass ein möglichst effizienter Transport innerhalb des Crossdocks gewährleistet wird. Zudem sollte neben dem rein physischen Warenfluss vom Lieferanten über das CDZ bis zum Kunden auch die zeitliche Koordination, also die Zuordnung eines Zeitfensters für die Abfertigung, berücksichtigt werden. Obwohl gerade diese zeitliche Komponente hinsichtlich der Abstimmung der an- und abgehenden Warenflüsse für die operative Steuerung von erheblicher Bedeutung ist, sind dem Autor keine wissenschaftlichen Arbeiten bekannt, die diesen Aspekt integrieren.

Die Vorgehensweise der lokalen Optimierung ohne Berücksichtigung der vor- und nachgelagerten Prozesse kann teilweise auf den Umstand zurückgeführt werden, dass die zeitliche Koordination der an- und abfahrenden Lkw oft nicht im Einflussbereich des CDZ-Betreibers, also der planenden Instanz, liegt. Bevor nun eine ganzheitliche Planung gefordert werden kann, um die Entwicklung eines entsprechenden Verfahrens zu motivieren, müssen noch einige Rahmenbedingungen hierfür erörtert werden.

Eine ganzheitliche Planung aller beteiligten Prozesse setzt ein großes Maß an Kooperation der Prozessverantwortlichen voraus. Aus diesem Grund wird im folgenden Abschnitt auf Grundlagen kooperativer Beziehungen eingegangen, um darauf aufbauend Szenarien zu definieren, für welche unterschiedliche Planungsverfahren adäquat erscheinen.

3.3 Kooperationen und operative Planungsprobleme

Betrachtet man die bisher vorgestellten Modelle, so stellt man fest, dass implizit stets zwei grundlegende Annahmen getroffen werden: die Annahme der Informationsverfügbarkeit und der Umsetzungsmacht.

Informationsverfügbarkeit Mit dem Begriff der *Informationsverfügbarkeit* soll die Annahme beschrieben werden, dass alle zur Planung notwendigen Daten zur Verfügung stehen. Im Falle des bestandslosen Warenumschlags mittels Crossdocking bedeutet dies z. B., dass alle Informationen bezüglich Kosten, Mengen, Zeiten etc. sowohl der Inbound/Outbound-Tourenplanung als auch des Resource Scheduling zur Verfügung stehen. Im Falle einer Fremdanlieferung durch einen Logistikdienstleister würde dieser demnach alle an diesem Tag zu besuchenden Kunden, die dazugehörigen Aufträge sowie seine Kostenstrukturen preisgeben, damit diese Informationen in ein den Gesamtprozess optimierendes Planungsmodell einfließen können.

Umsetzungsmacht Durch die Annahme der *Umsetzungsmacht* wird unterstellt, dass die von der planenden Instanz erzeugte Lösung von dieser auch umgesetzt werden kann, dass diese also die absolute Entscheidungsgewalt besitzt. Es wird angenommen, dass keine Hindernisse hinsichtlich der Zuständigkeitsbereiche, Befehlsketten oder sonstiger machtbedingter Punkte existieren. Jede ausführende Einheit „beugt" sich der Entscheidung der planenden Einheit.

Innerhalb eines Unternehmens könnte man davon ausgehen, dass die vorgestellten Annahmen haltbar sind. Betrachtet man jedoch den Umstand, dass gerade im Logistikbereich oft unterschiedliche, u. U. konkurrierende Unternehmen an einem Prozess beteiligt sind, kann nicht mehr ohne weiteres davon ausgegangen werden, dass sowohl die Informationsverfügbarkeit gegeben ist als auch die Umsetzungsmacht bei einem einzigen Unternehmen liegt. Sind also die genannten Grundannahmen nicht mehr haltbar, können auch die darauf aufbauenden Planungsmodelle nicht mehr angewendet werden.

Damit jedoch eine unternehmensübergreifende operative Planung überhaupt möglich wird, treten Unternehmen Kooperationen bei. Je nach Integrationsgrad der Kooperation kann dann dafür gesorgt werden, dass einerseits Informationsverfügbarkeit herrscht und andererseits ein beteiligtes Unternehmen die nötige Umsetzungsmacht besitzt oder diese zugesprochen bekommt. Dies lässt sich in der Praxis jedoch nur selten realisieren.

Im folgenden Abschnitt soll daher etwas detaillierter auf die Begriffe der *Kooperation* und *Koordination* eingegangen und diese im Zusammenhang mit logistischen Partnerschaften näher beleuchtet werden. Daraus leiten sich zwei grundsätzlich unterschiedliche Ansätze zur Planung logistischer Probleme ab: der zentral-hierarchische und der dezentral-heterarchische Planungsansatz.

3.3.1 Kooperation, Koordination und Vertrauen in Supply Chains

Die Zunahme der Bedeutung von Kooperationen im Wirtschaftsleben, wird allgemein mit wachsenden Investitionen, kürzer werdenden Produktlebenszyklen sowie beobachtbaren Internationalisierungstendenzen begründet (Backhaus und Meyer 1993). Neben der Anzahl von Kooperationen nimmt gleichzeitig der Variantenreichtum an Kooperationsformen zu. Entsprechend ist die Spezifizierung des Begriffs „Kooperation" in der Literatur nicht einheitlich. Erdmann (1999) beschäftigte sich in ihrer Dissertation ausführlich mit Logistik-Kooperationen im Allgemeinen und Speditions-Kooperationen im Speziellen. Die von Erdmann getroffenen Definitionen sollen daher auch dieser Arbeit als Grundlage dienen:

Definition 3.1. Kooperation beschreibt jede Form der Zusammenarbeit von Personen und Institutionen. Je nach betrachtetem Bereich werden darüber hinaus unterschiedliche Merkmale des Kooperationsphänomens in den verschiedenen Spezifizierungen hervorgehoben. Größtenteils besteht jedoch Übereinstimmung in der Benennung der grundlegenden Merkmale *Autonomie* und *Interdependenz*.

Definition 3.2. Die **Autonomie** der Kooperationspartner beschreibt die unabhängige Entscheidung über einen Beitritt zu bzw. Austritt aus der Kooperation. Insofern stehen die Partner i. d. R. in einem Gleichordnungsverhältnis zueinander. Ist diese Autonomie nicht gegeben, handelt es sich demnach nicht um eine Kooperation.

Definition 3.3. Sind die Kooperationspartner autonom der Kooperation beigetreten, beeinflussen die Entscheidungen der Teilnehmer das Kooperationsprojekt. Diese Abhängigkeit der Entscheidungen untereinander wird mit **Interdependenz** bezeichnet.

Dabei ist die Intensität der Interdependenz sowohl von der Art als auch dem Ausmaß des Kooperationsprojekts abhängig. Es wäre also falsch anzunehmen, dass die Partner nach dem Kooperationsbeitritt ihre Autonomie verlieren. Sie behalten je nach Kooperationsintensität und vertraglicher Ausgestaltung durchaus gewisse Entscheidungsspielräume (Erdmann 1999, S. 30).

Ein weiteres wesentliches Element, das im Zusammenhang kooperativer Beziehungen immer genannt wird, ist das Vertrauen zwischen den Kooperationspartnern. Insbesondere langfristig angelegte Bindungen setzen ein hohes Maß an Vertrauen zwischen den Partnern voraus, ohne das eine Beziehung nicht erfolgreich sein kann. Denn die Abstimmung der Aktivitäten und das Ansteuern gemeinsamer Ziele in einer Kooperation erfordern vollkommene Offenheit der Partner, welche ohne Vertrauen undenkbar ist. Auch Groll (2004, S. 103) hebt die Bedeutung von Vertrauen im kooperativen Supply Chain Management hervor. Bezugnehmend auf Ripperger (1997) differenziert Groll weiterhin zwischen Vertrauenserwartung und Vertrauenshandlung, die maßgeblich zum Erfolg des Kooperationsprojekts beitragen. Eine wirkliche Vertrauensentscheidung liegt daher nur dann vor, wenn der Vertrauensgeber eine positive Vertrauenserwartung gebildet hat und die folgende Vertrauenshandlung durch diese Vertrauenserwartung motiviert wurde (vgl. Abbildung 3.4).

Neben dem Grad des Vertrauens der Kooperationspartner untereinander stellt ferner die Koordination ein wesentliches Beschreibungsmittel der Kooperation dar. Über die Definition des Begriffs *Koordination* herrscht in der Literatur keine Einigkeit. Eine ausführliche Bestandsaufnahme und Bewertung von Definitionen findet sich bei Lilge (1981). Im Rahmen dieser Arbeit wird in Anlehnung an Frese und Beecken (1995) folgende allgemeine Definition zugrunde gelegt:

Definition 3.4. Koordination ist die Abstimmung interdependenter Einzelergebnisse oder -maßnahmen im Hinblick auf ein übergeordnetes Ziel.

Wie bereits in Kapitel 2 beschrieben ist Crossdocking eine Distributionstechnik im Rahmen des ECR, welches bereits nach Definition 3.1 einer Kooperation entspricht. Da also bereits grundsätzlich von kooperativem Verhalten der Partner ausgegangen werden kann, genügt es für die weitere Betrachtung, zwischen den Ausprägungsextremen des Marktes und der Hierarchie sowie den dafür geeigneten Koordinationsansätzen zu unterscheiden (vgl. Abbildung 3.5).

		Vertrauenshandlung	
		ja	nein
Vertrauenserwartung	ja	Kooperation aufgrund von Vertrauen	Vertrauen ohne Kooperation
	nein	Kooperation ohne Vertrauen	weder Vertrauen noch Kooperation

Abbildung 3.4: Einfluss von Vertrauenserwartung und Vertrauenshandlung auf den Erfolg eines Kooperationsprojekts: Nur bei einer durch eine Vertrauenserwartung motivierten Handlung kann von einer Kooperation aufgrund von Vertrauen gesprochen werden (Ripperger 1997, S. 20).

3.3.2 Zentral-hierarchische und dezentral-heterarchische Koordination

Nach Zäpfel (2000) kann die Koordination der in einer Supply Chain agierenden Unternehmen grundsätzlich nach dem hierarchischen oder dem heterarchischen Prinzip erfolgen, d.h. es ergibt sich eine zentral-hierarchische oder eine dezentral-heterarchische Koordination.

Zentral-hierarchische Koordination: Bei einer zentralen Koordination führt ein hierarchisch übergeordneter Akteur die Supply Chain und es erfolgt eine zentrale Abstimmung der interdependenten Entscheidungen (Sucky 2003). Die Instrumente der zentralen Koordination können z. B. Weisungen, Programme und Pläne sein, vgl. Abbildung 3.5). Im Falle von Weisungen werden den hierarchisch untergeordneten Akteuren konkrete Aufgabenstellungen und Verfahrensanleitungen vorgegeben. Durch Programme werden hingegen verbindliche Handlungsvorschriften vorgegeben, die festlegen, wie auf alternative Ausgangsereignisse zu reagieren ist. Das Koordinationsinstrument der Vorgabe von Plänen ist dadurch gekennzeichnet, dass die hierarchisch übergeordnete Instanz für einen bestimmten Zeitraum Rahmenpläne entwirft, die den Akteuren als Vorgaben bei der Planung der zu realisierenden Prozesse dienen.

Eine zentrale Koordination in Supply Chains ist eng verbunden mit zentral-hierarchisch organisierten Supply Chains. In zentralen Supply Chains existiert ein dominantes Unternehmen und alle anderen Unternehmen in der Supply Chain sind direkt oder indirekt von diesem Unternehmen abhängig. Das dominierende Mitglied, das sog. fokale Unternehmen, kann die zentrale Koordination der Supply Chain übernehmen. Das fokale Unternehmen ist in erster Linie durch seine Umsetzungsmacht gekennzeichnet, weiterhin besitzt es alle nötigen Informationen die zur (ggf. optimalen) Planung eines

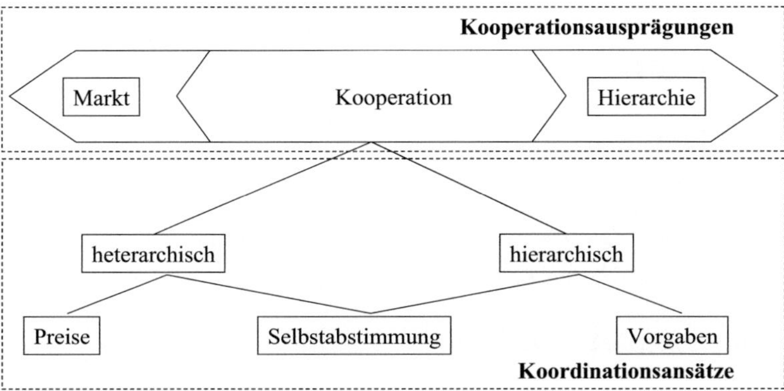

Abbildung 3.5: Kooperationsausprägungen und dafür geeignete Koordinationsansätze, in Anlehnung an (Busch 2002).

Prozesses notwendig sind. Die beschriebenen Annahmen der Informationsverfügbarkeit und Umsetzungsmacht besitzen also Gültigkeit.

Dezentral-heterarchische Koordination: Eine dezentral-heterarchische Koordination hingegen ist durch eine dezentrale Abstimmung interdependenter Entscheidungen gekennzeichnet. Es erfolgt eine unmittelbare Interaktion der Entscheidungsträger. Deren Entscheidungen werden entweder durch gegenseitige Übereinkunft im Rahmen einer Selbstabstimmung getroffen oder ausgehandelte Preise sind für den Leistungsaustausch bestimmend (Zäpfel 2000).

Geeignete Koordinationsinstrumente für eine dezentral-heterarchische Supply Chain sind bspw. Börsen, Verhandlungen und Auktionen (Erdmann 1999, S. 70). Dadurch wird angestrebt, dass die Koordination die Präferenzen und Nutzen der beteiligten Akteure mittels monetärer Bewertungskriterien berücksichtigt und somit allgemein akzeptierte und „faire" Lösungen ermittelt.

Die Frage, ob eine Supply Chain zentral-hierarchisch oder dezentral-heterarchisch koordiniert werden soll, kann nicht grundsätzlich beantwortet werden. Vielmehr ist zu klären, welche Struktur die Supply Chain besitzt, welche Kooperationsform vorliegt und welches Macht- und Vertrauensverhältnis besteht. Für die Entwicklung geeigneter Koordinationsverfahren zur Steuerung von Crossdocking-Zentren ist es also wichtig, die Gegebenheiten der vorliegenden Kooperationsbeziehungen zu analysieren und in das Koordinationsverfahren zu integrieren. Je nach Situation sollte das Verfahren demnach zentral-hierarchisch oder dezentral-heterarchisch ausgeprägt sein, um so den jeweiligen Charakteristika gerecht zu werden.

3.4 Unterstützung von Kooperationen durch Logistikdienstleister

Kooperationen wie das ECR können maßgeblich durch den Einsatz von Logistikdienstleistern (LDL) unterstützt werden. Insbesondere Warenumschlagszentren werden häufig an LDL abgegeben, da sich die beteiligten Unternehmen hiervon Kosteneinsparungen erwarten. Aus diesem Grund wird im Folgenden das Konzept des externen Logistikdienstleisters oder *3rd-Party-Logistics Providers (3PL)* vorgestellt und dessen Einsatzmöglichkeiten zum Betrieb von Crossdocking-Zentren diskutiert.

3.4.1 Externe Logistikdienstleister - 3PL

Die Aufgabengebiete von Transport- und Logistikdienstleistern sind in den vergangenen 20 Jahren stetig gewachsen. Zu den ursprünglichen Aufgaben des Transports und der Lagerung von Gütern sind immer mehr Tätigkeiten hinzugekommen, die sich für Unternehmen als nicht wirtschaftlich erwiesen haben. Ein Spediteur im eigentlichen Sinne beschränkt sich auf die Planung, Organisation und Steuerung von Güterversendungen und bezieht die Frachtführerleistung von Dritten. Logistikdienstleistungsunternehmen haben neben den originären Aufgaben eines Spediteurs viel weitreichendere Aufgaben übernommen. Dabei haben sie nicht nur die rein physischen Aufgaben der Lagerlogistik eines Unternehmens übernommen sondern agieren als selbstständige Einheiten, die in enger Zusammenarbeit mit Unternehmen die gesamte Logistikstrategie planen und ausführen. So kann ein LDL heute für ein Unternehmen die komplette Logistik inklusive des Betriebs aller Distributions- und Umschlagszentren sowie kleinerer Montagetätigkeiten oder der Konfektionierung übernehmen.

Um diesen erweiterten, durch langfristige Kooperation mit den Auftraggebern geprägten Aufgaben, gerecht zu werden, wurde der Begriff des *3rd-Party-Logistics Provider* eingeführt. Er wird heute im deutschsprachigen Raum synonym mit dem Begriff des Logistikdienstleisters verwendet, auch wenn dies nicht der ursprünglichen Begriffsbestimmung entspricht. Abbildung 3.6 zeigt die Entwicklungsstufen einer Spedition zum 3PL, wie sie von Alicke (2003, S. 177) beschrieben wurden.

3.4.2 Vorteile eines 3PL beim Betrieb eines Crossdocking-Zentrums

3PL können maßgeblich dazu beitragen, Crossdocking erfolgreich zu implementieren. Wie bereits dargestellt wurde, ist insbesondere im operativen Bereich eine gesamtheitliche Planung der auftretenden Teilprobleme von Bedeutung. Es bietet sich daher an, diese Teilprobleme von einer Instanz planen und ausführen zu lassen, damit die genannten Annahmen der Informationsverfügbarkeit oder Umsetzungsmacht gegeben sind. Dies erlaubt weiterhin dem beauftragenden Unternehmen, sich auf seine Kernkompetenzen (z. B. Produktion und/oder Handel) zu konzentrieren, während der 3PL sich um den Warennachschub kümmert.

Neben der besseren Möglichkeit, die Warenlieferungen durch einen kompetenten 3PL zu koordinieren, liegt ein weiterer wesentlicher Vorteil des 3PL darin, dass er die erforderlichen Technologien, für den effizienten Betrieb eines CDZ mitbringt. Diese umfassen die gesamte

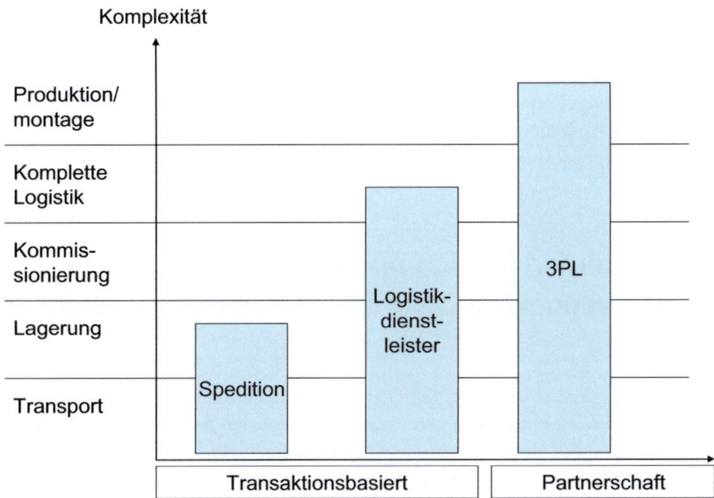

Abbildung 3.6: Entwicklung von der Spedition zum 3PL: Wichtigstes Unterscheidungskriterium ist die Veranderung von einer transaktionsorientierten zu einer partnerschaftlichen Beziehung, in Anlehnung an Alicke (2003, S. 177).

Informations- und Kommunikationstechnologie sowie die Automatisierungstechnik. Zudem kann ein etablierter 3PL bereits auf Erfahrungen in diesem Aufgabengebiet zurückgreifen und die benötigten Ressourcen für mehrere Unternehmen nutzen. Ein Umschlagpunkt kann z. B. für mehrere Unternehmen gleichzeitig betrieben oder die Transportflotten können für die Logistik verschiedener Unternehmen genutzt werden. Fahrzeuge, die tagsüber für die Belieferung von Handelsfilialen benutzt werden, können nachts z. B. für den Transport von Waren zu regionalen Distributionszentren genutzt werden. So kann der Logistikdienstleister zusätzliche Skalenerträge erzielen und diese ggf. an seine Kunden weitergeben.

Ein weiterer wichtiger Aspekt ist die Netzwerkstruktur selbst. Für viele Handelsunternehmen ist es nicht sinnvoll, eine große Anzahl verschiedener CDZ zu betreiben, da die dafür benötigte Umschlagsmenge nicht vorhanden ist. So werden in der Regel lediglich einige wenige zielgebietorientierte CDZ zur Verteilung von Waren eingerichtet (Metro MGL 2002). Für einen Dienstleister kann es allerdings durchaus möglich sein, ein dichteres Netz an CDZ zu betreiben. So wird es möglich, trotz niedriger Investitionsausgaben die Vorteile des quell- und zielgebietorientierten Crossdockings zu verbinden (vgl. Abschnitt 2.2.2).

In der Praxis haben sich 3PL zum Betrieb von CDZ bereits etabliert. So wurden im Jahre 2000 bereits 25 % aller CDZ von 3PL betrieben (Milligan 2002).

Bei der Vergabe der eigenen Logistik an ein externes Unternehmen darf man allerdings die Abhängigkeit, in die man sich begibt, nicht vernachlässigen. Daher sollte bei der Auswahl eines 3PL vor allem auf Zuverlässigkeit und Qualität geachtet werden. Zudem sind eine geeignete Informationstechnologie und ein genügend großes Netzwerk wichtige Komponenten der Entscheidungsfindung. Witt (1997) spricht daher von einem „Distribution Trio" aus Warehouse-Management-System, Crossdocking und Third-Party-Services, die unmittelbar zusammengehören, um eine erfolgreiche Crossdocking-Implementierung zu erreichen. Nach seiner Aussage ist einer der Schlüsselfaktoren für zukünftige Crossdocking-Programme langfristige, partnerschaftliche Beziehungen der beteiligten Parteien untereinander.

3.5 Szenarien für den operativen Betrieb eines Crossdocking-Zentrums durch externe Dienstleister

Es stellt sich die Frage wie der operative Betrieb eines CDZ geplant und gesteuert werden kann. Um die bisher vorgestellten Grundlagen und Annahmen systematisch untersuchen zu können, sollen im Folgenden zwei konkrete Szenarien definiert werden, die zwei mögliche Extremformen des Betriebs eines CDZ mittels eines 3PL darstellen. Diese Szenarien dienen schließlich als Ausgangssituationen für die zu entwickelnden Verfahren.

3.5.1 Szenario 1: Zentrale Planung und Steuerung

Szenario 1 („zentrales Szenario") beschreibt die Situation, in der alle logistischen Aktivitäten, die für den Crossdockingbetrieb notwendig sind, an einen einzigen 3PL vergeben werden. Dieser 3PL ist verantwortlich für die Abholung der Waren an den Warenausgangsrampen der Lieferanten, den Transport zum CDZ, den eigentlichen Betrieb des CDZ, sowie die Distribution der umgeschlagenen Waren zu den Zielorten. Alle in Abschnitt 3.2 beschriebenen operativen Planungsteilprobleme unterliegen der Planung eines 3PL. In diesem Fall treten demnach nicht die geschilderten Probleme der mangelnden Informationsverfügbarkeit oder Umsetzungsmacht auf, da es nur eine planende Instanz gibt, den 3PL.

Das daraus resultierende Planungsproblem wird im Folgenden daher auch als „zentral-hierarchisches Planungsproblem" bezeichnet. Es ist dadurch gekennzeichnet, dass es eine *zentrale* Planungsinstanz gibt, die alle logistischen Aktivitäten plant und die Aktivitäten im Sinne eines zu erreichenden globalen Optimums *hierarchisch* ordnet.

Dies bedeutet gleichzeitig, dass dieses Planungsproblem durchaus auch für Szenarien anzuwenden ist, in denen beispielsweise die Transportaktivitäten an weitere Spediteure abgegeben werden. Diese sind aber hierarchisch in die Kooperation zum Betrieb eines CDZ eingebunden (vgl. Abbildung 3.5), wenn überhaupt die zur Kooperation nach Definition 3.1 notwendige Autonomie gegeben ist. Sie sind ausführende Einheiten, die sich der Entscheidungsgewalt der planenden Instanz beugen müssen. Eventuelle Kostenoptimierungspotenziale durch eine Einbindung ihrer Aktivitäten werden nicht berücksichtigt.

Dieses Szenario ist realitätsnah, da die Leistungen einzelner Frachtführer heutzutage in der Regel aus sog. „Spotmärkten" nach Bedarf eingekauft werden und keine langfristigen Bindungen an einen bestimmten Partner vorliegen.

3.5.2 Szenario 2: Dezentrale Planung und Steuerung

Anders gestaltet sich die Situation in Szenario 2 („dezentrales Szenario"). Hier wird nur von einer teilweisen Vergabe der Kernaktivitäten der Distribution mittels Crossdocking ausgegangen. Im einfachsten Fall wird der Betrieb des CDZ an einen 3PL vergeben, alle anderen Aktivitäten sind von *beliebig vielen* dritten Dienstleistern oder weiteren 3PLs auszuführen.

So ist es zum Beispiel realistisch, davon auszugehen, dass der Betrieb des CDZ und die Belieferung der Kunden ab dem CDZ an einen 3PL vergeben werden, da sich bspw. Handelshäuser und Produzenten zu einer ECR-Kooperation zusammengeschlossen haben. Die Abholung der Waren von den Lieferanten und der Transport der Waren an das CDZ obliegt jedoch nicht dem 3PL, da die dafür notwendigen Transporte nur sporadisch auftreten und der 3PL aus Kostengründen keine dauerhaften Transporte einrichten will. Diese logistische Aktivität wird an Speditonen, die an die jeweiligen Lieferanten gebunden sind, vergeben oder von beliebigen LDL eines Spot-Marktes bezogen. Der CDZ betreibende 3PL besitzt nun nicht mehr vollkommene Informationen über die Auftrags- und Kostenstrukturen der liefernden Speditionen und auch die Entscheidungsgewalt lässt sich nicht mehr eindeutig zuordnen.

Das daraus resultierende Planungsproblem wird als „dezentral-heterarchisches Planungsproblem" bezeichnet. Es unterscheidet sich von dem erstgenannten „zentral-hierarchischen" Planungsproblem, da es nun gilt, *dezentral* gefundene Planungsergebnisse *heterarchisch* zu koordinieren. Jede beteiligte Partei (Liefernde Spediteure und CDZ Betreiber) plant auf Basis ihrer lokalen Informationen und Restriktionen. Diese dezentralen Planungsprozesse führen zu Ergebnissen, die u.U. nicht miteinander konform sind.

So ist es sehr gut möglich, dass mehrere Speditionen gleichzeitig am CDZ ankommen, da diese Ankunftszeit ihren optimalen Tourenplänen entsprechen. Die Aufgabe des CDZ betreibenden 3PL ist es nun, diese dezentralen Planungsergebnisse zu koordinieren, um einen effizienten und kostengünstigen Betrieb des CDZ zu ermöglichen. Dazu gehört es, lange Warteschlangen vor den Abfertigungstoren zu vermeiden und gleichzeitig einen ausgeglichenen Personaleinsatz im CDZ zu erreichen.

Kooperativ bedeutet, dass es im Falle eines Ressourcenkonflikts (zu wenig Abfertigungstore zu einem bestimmten Zeitpunkt) keinen klar zu priorisierenden Spediteur gibt, der bevorzugt wird. Vielmehr müssen die beteiligten Spediteure und der 3PL ein Verfahren finden, das eine gerechte, Gesamtkosten senkende, Reihenfolge ermittelt.

Aus den beiden vorgestellten Szenarien lassen sich i.d.R. weitere Sonderfälle ableiten. Diese Sonderfälle lassen sich jedoch immer auf diese grundlegenden Szenarien reduzieren.

Tabelle 3.1 stellt abschließend die beiden, dieser Arbeit zugrunde liegenden Planungsszenarien zum Betrieb eines CDZ zusammenfassend gegenüber.

	Zentral-hierarchisches Szenario	Dezentral-heterarchisches Szenario
Betrieb CDZ	3PL	3PL
Transport CDZ-Kunde	3PL	3PL oder Spediteure
Transport Lieferant-CDZ	3PL	Spediteure
Informationsverfügbarkeit	hoch	niedrig
Umsetzungsmacht	eindeutig	mehrdeutig

Tabelle 3.1: Gegenüberstellung der beiden Planungsszenarien zum Betrieb eines CDZ durch Dienstleister.

3.6 Zusammenfassung und resultierender Forschungsbedarf

In Kapitel 2 wurde die praktische Relevanz von Crossdocking zur kosteneffektiven Distribution von Waren aufgezeigt. Für den erfolgreichen Betrieb eines CDZ ist es aber unerlässlich ein effizientes Verfahren zu haben, das einen reibungslosen Ablauf entlang der logistischen Kette ermöglicht. Daher wurden in diesem Kapitel die Grundlagen der Planung und Steuerung von CDZ ausführlich dargelegt. Es wurden die verschiedenen Planungsebenen *strategisch*, *taktisch* und *operativ* differenziert betrachtet und der zugehörige Stand der aktuellen wissenschaftlichen Literatur wiedergegeben.

Die operative Planungsebene wurde detailliert in die auftretenden Teilprobleme der Touren-, Ressourcen- und Torbelegungsplanung untergliedert. Dabei hat sich gezeigt, dass in der bisherigen Literatur einzelne Planungsprobleme gesondert betrachtet wurden und die Abhängigkeiten zwischen den logistischen Prozessen vernachlässigt wurden.

Im Rahmen der Untersuchung relevanter Literatur wurde kein Modell entdeckt, welches sowohl die zeitliche als auch die mengenmäßige Koordination von Gütern über die gesamte logistische Kette hinweg in Betracht zieht.

Hieraus lässt sich der Forschungsbedarf nach einem Verfahren ableiten, das die genannten Teilprobleme gemeinsam betrachtet und somit einen gesamtkostenminimalen Betrieb eines CDZ ermöglicht.

Darüberhinaus wurde auf den Einfluss von Kooperationen auf operative Planungsprobleme eingegangen und es wurde dafür plädiert, unterschiedliche kooperative Konstellationen der beteiligten Parteien zu betrachten, die sich je nach Kooperationsausprägung unterscheiden sollten.

Externe Logistikdienstleister können den Erfolg einer Logistik-Kooperation maßgeblich unterstützen. Es wurde der Begriff des 3PL erläutert und die mit der Vergabe des CDZ-Betriebs an einen 3PL verbundenen Vor- und Nachteile diskutiert. Anschließend wurden zwei Szenarien für den Betrieb eines CDZ durch einen 3PL definiert. Beide Szenarien sollen unterschiedlichen kooperativen Rahmenbedingungen gerecht werden. Szenario 1 betrachtet den Fall, dass der 3PL für den gesamten Crossdocking-Prozess verantwortlich ist. Szenario 2 geht davon aus, dass nur der Betrieb des CDZ und die Distributionstouren zum Kunden einem 3PL obliegen, die Anlieferungsfahrten zum CDZ werden von beliebig vielen anderen Speditionen oder LDL geplant und ausgeführt.

Daraus lässt sich der Forschungsbedarf ableiten unterschiedliche Verfahren zu entwickeln, um so den *zentral-hierarchischen* als auch den *dezentral-heterarchischen* Planungsszenarien gerecht werden. Daher wird im folgenden Kapitel 4 ein Verfahren vorgestellt, das davon ausgeht, dass alle relevanten Prozesse einem 3PL unterliegen. Dieser besitzt umfassende Informationen, um alle Teilprobleme simultan zu lösen. Gleichzeitig existieren keine Schwierigkeiten hinsichtlich der Umsetzungsmacht, da alle Planungsentscheidungen hierarchisch weitergegeben werden können.

Im Gegensatz dazu, wird in Kapitel 5 ein Verfahren für das dezentrale Szenario entwickelt. Dabei wird das Hauptziel sein, das Problem der Koordination dezentral gefundener Planungsergebnisse miteinander zu koordinieren. Eine zentrale Planung aller Prozesse scheitert, da die autonom agierenden Logistikdienstleister, entweder nicht die nötige Kooperationsbereitschaft mitbringen oder die Beziehungen nur kurzfristig bestehen, sodass sich keine langfristige Kooperation bilden kann. In jedem Fall liegen keinem Partner genügend Informationen vor und die Planungsentscheidungen können nicht hierarchisch weitergegeben werden.

Die beiden Verfahren sind unabhängig voneinander, da sie grundsätzlich verschiedene Ausgangssituationen besitzen. Dementsprechend sind die beiden Verfahren der zentralen und dezentralen Steuerung als sich gegenseitig ergänzend anzusehen. Ein Vergleich, welches Szenario und damit auch welches Verfahren realitätsnäher ist, folgt in Kapitel 6.

4 Ein zentral-hierarchisches Steuerungsverfahren für Crossdocking-Zentren

Inhalt dieses Kapitels ist der Entwurf eines Modells zur Steuerung von Crossdocking-Zentren, das den Anforderungen des zentralen Szenarios (Szenario 1, Abschnitt 3.5.1) gerecht wird. Dabei liegt der Schwerpunkt auf eine möglichst allgemeinen Modellierung, um so eine Anpassung an eine Vielzahl von realen Problemstellungen zu gewährleisten. Zu diesem Zwecke werden zunächst die Problemstellung verbal abgegrenzt und allgemeine Annahmen erläutert. Anschließend wird ein mathematisches Modell zur Optimierung der vorliegenden Problemstellung eingeführt und darüberhinaus werden mögliche Ergänzungen und Erweiterungen vorgestellt. Der zweite Teil dieses Kapitels betrachte mögliche Lösungsverfahren für das aufgestellte Optimierungsproblem und stellt das angewendete Branch-and-Bound-Verfahren vor.

4.1 Abgrenzung der Problemstellung und allgemeine Annahmen

Im Folgenden wird ein CDZ betrachtet das durch einen 3PL betrieben wird, der für den gesamten Crossdocking-Prozess verantwortlich ist. Dieser plant alle logistischen Aktivitäten zentral. Eventuelle weitere Dienstleister sind dem 3PL hierarchisch untergeordnet. Das gesamte Verfahren ist demnach als zentral-hierarchisches Steuerungsverfahren zu bezeichnen.

Es wird davon ausgegangen, dass zu Beginn der Planung alle Nachfragemengen der Empfänger vorliegen. Daher ist es unerheblich, ob diese Mengen mit Hilfe einer Push- oder Pull-Strategie, mit einem herkömmlichen Bestellvorgang oder des Vendor Managed Inventory für die operative Steuerung festgelegt wurden.

Im betrachteten CDZ findet ein einstufiger Crossdocking-Prozess nach Definition 2.2 statt[1]. Das Modell ist für alle in Kapitel 2 aufgezeigten Einsatzmöglichkeiten anwendbar, da die Warenempfänger je nach Einsatzgebiet Handelsfilialen, Endverbraucher oder auch Produktionsstätten sein können. Um ein einheitliches Vokabular für die Problembeschreibung zu gewährleisten, soll im Folgenden vom Einsatz eines CDZ zur Warenversorgung im Konsumgüterhandel ausgegangen werden (Retail Crossdocking, vgl. Abschnitt 2.2.3). Dabei handelt es sich bei den Warenempfängern um Handelsfilialen und bei den Lieferanten um Herstel-

---

[1]Die Erweiterung auf einen mehrstufigen Prozess nach Definition 2.3 ist möglich, wird aber aus Gründen der Vereinfachung der Problemstellung hier nicht verfolgt.

ler bzw. Großhändler. Das Modell kann aber ohne weitere Anpassungen ebenfalls für alle anderen vorgestellten Einsatzgebiete angewendet werden.

Es wird weiterhin angenommen, dass der Gesamtbedarf einer Filiale die maximale Kapazität eines Auslieferfahrzeuges nicht überschreitet und somit jede Filiale mit positivem Bedarf exakt einmal pro Planungsperiode beliefert wird.

Für jede Filiale können ein oder mehrere Zeitfenster für die Anlieferung definiert werden, bei deren Nichteinhaltung (je nach Filiale) Verspätungskosten (bspw. Konventionalstrafen) oder Wartekosten/-zeiten entstehen.

Für die Distribution stehen am Depot eine festgelegte Anzahl von homogenen Fahrzeugen bereit. Die Fahrzeuge können, sofern es zeitlich möglich ist, mehrfach innerhalb einer Planungsperiode für verschiedene Auslieferungstouren eingeplant werden (Mehrfacheinsatz).

4.1.1 Annahmen für die Torbelegungsplanung

Da für die operative Steuerung nicht nur die Ablaufreihenfolge der An- und Auslieferungstouren von Belang ist, sondern insbesondere auch die korrespondierenden Uhrzeiten, wird der Planungshorizont in Zeitfenster gleicher Breite eingeteilt, um so die zeitliche Modellierung des Warenflusses zu vereinfachen. Dabei sollte ein Zeitfenster in etwa der Dauer einer Be- bzw. Entladung entsprechen[2]. Die an- und abfahrenden Lkw werden somit sowohl Strip- bzw. Stackdoors als auch einem bestimmten Zeitfenster an dem jeweiligen Abfertigungstor zugeordnet.

Jede Auslieferung beginnt mit der Beladung des Transportmittels zu Beginn eines Zeitfensters, sodass zum Ende des Zeitfensters die Beladung abgeschlossen ist und das Fahrzeug die Tour beginnen kann. Jeder ankommende Lkw dockt ebenfalls zu Beginn eines Zeitfensters an eines der Stripdoors an, sodass am Ende des jeweiligen Zeitfensters die entsprechende Warenlieferung für die Abfertigung innerhalb des CDZ bereit steht.

4.1.2 Annahmen für die Inbound-Tourenplanung

Für die Warenlieferungen von den Herstellern und Lieferanten zum CDZ findet (wie für die Warenauslieferung an die Filialen) eine Touren- und Routenplanung statt. Um eine möglichst allgemeine Modellierung zu gewährleisten, werden im Gegensatz zur Outbound Tourenplanung hier Fahrzeuge verschiedener Kapazitäten eingesetzt, die in einem weiteren Depot mit frei wählbarem Standort stationiert sind. Dies spiegelt insofern eine realistische Situation wider, da davon ausgegangen wird, dass ein 3PL für den gesamten Logistikprozess verantwortlich ist. Dieser hat i. d. R. bereits ein etabliertes Distributions- und Transportnetzwerk, in dem das neue CDZ nur ein Teil ist. Daher ist es wahrscheinlich, dass die Lkw für die Warenanlieferung nicht alle am CDZ stationiert sind, sondern dynamisch aus verschiedenen Depots herangezogen werden. Falls die Fahrzeuge jedoch am CDZ stationiert werden sollen, so können einfach die Koordinaten des Depots mit denen des CDZ gleichgesetzt werden.

---

[2]Sollte dies nicht möglich sein, kann auch ein „Einheitszeitfenster" definiert werden, von dem ganzzahlige Vielfache einer Be- oder Entladung zugeordnet werden.

Ebenso wie bei den Filialen können bei den Lieferanten Zeitfenster festgelegt werden, in denen eine Beladung mit den entsprechenden Waren stattfinden soll. Die Fahrzeuge werden jeweils nur für eine Tour vom Depot über einen oder mehrere Lieferanten bis hin zum Crossdock eingeplant. Nach Ausführung dieser Tour steht das Fahrzeug wieder für anderweitige Zwecke zur Verfügung und wird im Rahmen der Planung nicht weiter berücksichtigt. Abbildung 4.1 skizziert die gesamte Planungssituation.

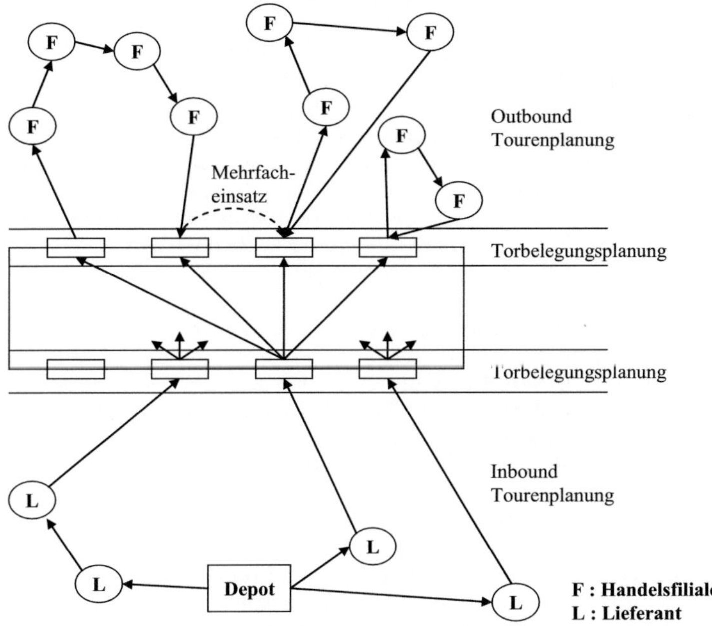

Abbildung 4.1: Die Planungssituation im zentral-hierarchischen Modell: Die Inbound-Tourenplanung legt die Abholreihenfolge der Waren bei den Lieferanten fest. Die Torbelegungsplanung an den Warenein- und -ausgangsrampen koordiniert dabei die Lkw-Ankünfte mit der Outbound-Tourenplanung für die Distribution der Waren zu den Filialen.

4.1.3 Berücksichtigte Kosten

Nachdem die grundlegenden Annahmen getroffen und die Planungssituation beschrieben wurden, gilt es jetzt den Warenfluss nach Möglichkeit optimal zu steuern. Als optimal wird eine Lösung angesehen, wenn die durch die Lösung entstehenden Kosten minimal sind. Zu diesem Zwecke müssen die für die unterschiedlichen Prozesse und für den Einsatz von Ressourcen zu minimierenden Kosten festgelegt werden. Folgende Kosten können entstehen:

1. Fixe Kosten für den Einsatz von Transportmitteln: Die Nutzung eines Fahrzeuges für den Warentransport verursacht einmalige Kosten. Diese können in erster Linie als *Nutzungsgebühr* für das eingesetzte Fahrzeug und den dazugehörigen Fahrer verstanden werden. Darin enthalten sind Entgelte, Abschreibung und sonstige Fixkosten für Instandhaltung und Wartung des Fahrzeugs.

2. Wegkosten, Wartekosten und Unpünktlichkeitskosten: Die Kosten für die zurückgelegte Wegstrecke, die Kosten für Wartezeiten sowie kundenspezifische Verspätungskosten für das Nicht-Einhalten von Zeitrestriktionen werden in der Tourenplanung berücksichtigt.

3. Handlingkosten für Be- und Entladung: Für jede Be- bzw. Entladung am CDZ entstehen Handlingkosten. Hier sind in erster Linie Personalkosten, aber auch Kosten für eingesetzte Fördertechnik zu nennen. Diese können für jedes Zeitfenster individuell festgelegt werden, um z. B. Zuschläge für Nachtarbeit zu berücksichtigen. Belegt man besonders frühe oder späte Zeitfenster mit höheren Handlingkosten, kann dadurch der zeitliche Verlauf der Auslastung beeinflusst werden.

4. Kosten für die temporäre Lagerung: Um einen zügigen Durchfluss der Waren durch das CDZ zu forcieren, können für alle Produkte individuelle Kosten für die Verweilzeit im CDZ festgelegt werden. So kann z. B. für Frischeprodukte ein höherer Kostensatz gewählt werden als für Regalware. Diese Kosten werden im Allgemeinen als *Kosten für gebundenes Kapital* verstanden. Da die gesamte Aufenthaltsdauer innerhalb des CDZ maximal einen Tag beträgt, wären die daraus resultierenden Beträge im Vergleich zur konventionellen Lagerhaltung sehr gering. Sie sind daher eher als *Strafkosten* zu interpretieren.

5. Kosten für den Transport zwischen den Abfertigungstoren: Für jede Transport einer Mengenheit von einem zu einem anderen Abfertigungstor können Kosten festgelegt werden, z. B. proportional zur Distanz. Hierdurch wird der Aufwand für den innerbetrieblichen Warenfluss abgebildet, um einen günstigen Warenumschlag innerhalb des CDZ zu erzielen. Dies bewirkt letztlich eine effiziente Zuordnung der Fahrzeuge an die Strip- bzw. Stackdoors.

4.2 Modellierung des Optimierungsproblems

Im Folgenden wird die beschriebene Problemstellung als gemischt-ganzzahliges Optimierungsproblem formuliert. Dabei wird die Lösung durch eine Anzahl binärer und reeller Entscheidungsvariablen repräsentiert, für die restriktionskonforme Werte zu bestimmen sind, die die Kosten der Zielfunktion minimieren. Vorteile dieser Form der Modellierung sind die Anwendbarkeit von Standardverfahren des Operations Research und die Eignung zur präzisen Problembeschreibung. Die Parameter, Entscheidungsvariablen, Restriktionen und die Zielfunktion sind im Folgenden beschrieben.

4.2.1 Notation der Kosten, Parameter und Variablen

Allgemeines

d	Crossdocking-Zentrum
$\overline{d}$	Depot
$\mathcal{K} = \{1,\dots,\lvert\mathcal{K}\rvert\}$	Menge der Touren (= Fahrzeuge gleicher Kapazität am CDZ) für die Auslieferung
$\mathcal{H} = \{1,\dots,\lvert\mathcal{H}\rvert\}$	Menge der Fahrzeuge am Depot für die Anlieferung
$\mathcal{F} = \{1,\dots,\lvert\mathcal{F}\rvert\}$	Menge der Empfänger der Warenlieferungen (Filialen)
$\mathcal{N} = \{1,\dots,\lvert\mathcal{N}\rvert\}$	Menge der Lieferanten, Hersteller, Zulieferer
$\widetilde{\mathcal{N}} = \mathcal{N} \cup \{d\}$	Menge der Lieferanten inkl. des CDZ
$\overline{\mathcal{N}} = \mathcal{N} \cup \{\overline{d}\}$	Menge der Lieferanten inkl. des Depots
$\mathcal{V} = \{1,\dots,\lvert\mathcal{V}\rvert\}$	Menge der Zeitfenster
$\mathcal{P}O = \{1,\dots,\lvert\mathcal{P}O\rvert\}$	Menge der Stackdoors (Outbound) am CDZ
$\mathcal{P}I = \{1,\dots,\lvert\mathcal{P}I\rvert\}$	Menge der Stripdoors (Inbound) am CDZ

Kosten

c_{fix}	Fixkosten für den Einsatz eines Fahrzeuges zur Auslieferung
c_{fix}^h	Fixkosten für den Einsatz des Fahrzeuges h für die Tour zum Crossdock
$c_{i,j}$	Kosten für das Zurücklegen der Strecke von i nach j
c_{late}^i	Strafkosten für Unpünktlichkeit bei i
c_{wait}^i	Kosten für die Wartezeiten bei i
c_{hand}^v	Handlingkosten für jede Ankunft bzw. Abfahrt in Zeitfenster v
c_{stag}^n	Kosten für die Verweilzeit des Produktes n im CDZ
$c_{p,q}$	Kosten für den Transport einer Einheit von Stripdoor p zu Stackdoor q

Parameter der Outboundtouren (Warenauslieferung)

$[a_i^v, e_i^v]$	Anfang und Ende des Zeitfensters $v \in \mathcal{V}$ bei $i \in \mathcal{F}$
$t_{i,j}$	Fahrtzeit für die Strecke von i nach j mit $(i,j) \in \widetilde{\mathcal{F}} \cup \{\overline{d}\}$
t_i^s	Servicezeit (Entladezeit) bei Filiale $i \in \mathcal{F}$
W_i	Maximal erlaubte Verspätung bei Filiale $i \in \mathcal{F}$
Q	Kapazität der Transportmittel für die Auslieferung
d_i^n	Bedarf der Filiale $i \in \mathcal{F}$ an Produkten des Lieferanten $n \in \mathcal{N}$
N_v^{out}	Maximale (bzw. geöffnete) Anzahl an Stackdoors in Zeitfenster $v \in \mathcal{V}$
Ω	Anzahl vorhandener Transportmittel für die Auslieferung
$\lvert v \rvert$	Ruhezeit zwischen zwei aufeinander folgenden Fahrten

Parameter der Inboundtouren (Warenanlieferung)

$[a_n^v, e_n^v]$	Anfang und Ende eines Zeitfensters $v \in \mathcal{V}$ bei $n \in \mathcal{N}$
$t_{m,n}$	Fahrtzeit für die Strecke von m nach n mit $(m,n) \in \widetilde{\mathcal{N}} \cup \{\overline{d}\}$

t_n^s Servicezeit (Beladezeit) beim Lieferanten $n \in \mathcal{N}$

W_n Maximal erlaubte Verspätung beim Lieferanten $n \in \mathcal{N}$

N_v^{in} Maximale (bzw. geöffnete) Anzahl an Stripdoors in Zeitfenster v

Q^h Kapazität des Transportmittels $h \in \mathcal{H}$ für die Auslieferung

Binäre Entscheidungsvariablen

$$X_{i,j}^k = \begin{cases} 1 & : \text{ Strecke } i \rightarrow j \text{ in Outboundtour } k \text{ wird gefahren} \\ 0 & : \text{ sonst} \end{cases}$$

$$u_i^v = \begin{cases} 1 & : \text{ Benutzung des Zeitfensters } v \text{ bei Filiale } i \\ 0 & : \text{ sonst} \end{cases}$$

$$u_q^{v,k} = \begin{cases} 1 & : \text{ Die Ausliefertour } k \text{ startet in Zeitfenster } v \text{ vom Stackdoor } q \\ 0 & : \text{ sonst} \end{cases}$$

$$\delta_{k,k'} = \begin{cases} 1 & : \text{ Die Ausliefertouren } k \text{ und } k' \text{ sind konsekutiv} \\ 0 & : \text{ sonst} \end{cases}$$

$$Y_{m,n}^h = \begin{cases} 1 & : \text{ Strecke } m \rightarrow n \text{ in Inboundtour } h \text{ wird gefahren} \\ 0 & : \text{ sonst} \end{cases}$$

$$u_n^{v,h} = \begin{cases} 1 & : \text{ Die Anliefertour } h \text{ erreicht den Lieferanten } n \text{ im Zeitfenster } v \\ 0 & : \text{ sonst} \end{cases}$$

Reelle Entscheidungsvariablen

T_i Startzeitpunkt der Entladung bei Warenempfänger $i \in \mathcal{F}$

T_d^k Abfahrtszeit der Ausliefertour $k \in \mathcal{K}$ vom CDZ

t_j Wartezeit bei Filiale $j \in \mathcal{F}$ bis zur Entladung

T_n^h Ankunftszeit des Fahrzeuges $h \in \mathcal{H}$ beim Lieferanten $n \in \mathcal{N}$

t_n^h Wartezeit des Fahrzeuges $h \in \mathcal{H}$ beim Lieferanten $n \in \mathcal{N}$

l_n^h Beladungsmenge des Fahrzeuges $h \in \mathcal{H}$ an Produkten des Lieferanten $n \in \mathcal{N}$

$l_n^{h,v}$ Menge von Produkt n, die in Zeitfenster $v \in \mathcal{V}$ von Lkw $h \in \mathcal{H}$ ans CDZ geliefert wird

$d_n^{k,v}$ Die Menge von Produkt n, welche von der in Zeitfenster $v \in \mathcal{V}$ abfahrenden Tour $k \in \mathcal{K}$ benötigt wird

$l_{n,v}^{p,q}$ Die Menge von Produkt n, welche in der Zeitfenster $v \in \mathcal{V}$ von Stripdoor $p \in \mathcal{P}I$ zu Stackdoor $q \in \mathcal{P}O$ transportiert wird

4.2.2 Problemformulierung

Das resultierende Problem wird als *Crossdocking Scheduling Problem (CDSP)* bezeichnet (Stickel und Furmans 2005a). Die Zielfunktion lautet:

Zielfunktion CDSP:

$$\min \underbrace{\left(\sum_{k\in\mathcal{K}}\sum_{j\in\mathcal{F}} X_{d,j}^{k} - \sum_{k\in\mathcal{K}}\sum_{k'\in\mathcal{K}} \delta_{k,k'}\right) c_{fix}}_{a} + \underbrace{\sum_{h\in\mathcal{H}}\sum_{n\in\mathcal{N}} c_{fix}^{h} Y_{\overline{d},n}^{h}}_{b} +$$

$$\underbrace{\sum_{k\in\mathcal{K}}\sum_{i\in\mathcal{F}}\sum_{j\in\mathcal{F}} c_{i,j} X_{i,j}^{k}}_{c} + \underbrace{\sum_{h\in\mathcal{H}}\sum_{m\in\mathcal{N}}\sum_{n\in\mathcal{N}} c_{m,n} Y_{m,n}^{h}}_{d} + \underbrace{\sum_{j\in\mathcal{F}} c_{wait}^{j} t_{j}}_{e} +$$

$$\underbrace{\sum_{h\in\mathcal{H}}\sum_{n\in\mathcal{N}} c_{wait}^{n} t_{n}^{h}}_{f} + \underbrace{\sum_{i\in\mathcal{F}} c_{late}^{i} u_{late}^{i}}_{g} + \underbrace{\sum_{v\neq 0}\sum_{h\in\mathcal{H}} c_{hand}^{v} \sum_{q\in\mathcal{P}O} u_{q}^{v,h}}_{h} + \tag{4.1}$$

$$\underbrace{\sum_{v\neq 0}\sum_{k\in\mathcal{K}} c_{hand}^{v} \sum_{q\in\mathcal{P}O} u_{q}^{v,k}}_{i} + \underbrace{\sum_{n\in\mathcal{N}}\sum_{v'\in\mathcal{V}} c_{stag}^{n} \left(\sum_{v=1}^{v'}\sum_{h\in\mathcal{H}} l_{n}^{v,h} - \sum_{v=1}^{v'}\sum_{k\in\mathcal{K}} d_{n}^{v,k}\right)}_{j} +$$

$$\underbrace{\sum_{i\in\mathcal{N}}\sum_{v\in\mathcal{V}}\sum_{p\in\mathcal{P}I}\sum_{q\in\mathcal{P}O} c_{p,q} l_{i,v}^{p,q}}_{k}$$

In der Komponente *a* der Zielfunktion werden die fixen Kosten für den Einsatz von ausliefernden Fahrzeugen zusammengefasst. Die Anzahl benötigter Fahrzeuge ergibt sich dabei aus der Anzahl aller Abfahrten abzüglich der Abfahrten, die durch einen konsekutiven Einsatz eines Fahrzeuges entstanden sind.

Komponente *b* enthält die fixen Kosten für die Fahrzeuge, die vom Depot aus für die Inboundtouren eingesetzt werden.

Die entstandenen Wegkosten werden in *c* (Inbound) und *d* (Outbound) berücksichtigt.

Die Kosten für Wartezeiten der Fahrzeuge findet man in *e* (Wartezeit an Filialen) und *f* (Wartezeit bei Lieferanten). Komponente *g* enthält die Strafkosten für Unpünktlichkeit bei der Auslieferung der Waren zu den Filialen.

Die Handlingkosten für jede An- bzw. Abfahrt werden in *h* und *i* abgedeckt.

Während der Verweilzeit der Produkte im CDZ entstehen Kosten für die temporäre Lagerung. Diese finden sich in der Komponente *j* wieder. Sie ergeben sich aus der Differenz von Abfahrts- und Ankunftszeit der Produkte. Schließlich berücksichtigt Komponente *k* die Kosten für den Transport innerhalb des CDZ.

Für die Gültigkeit einer kostenminimalen Lösung müssen natürlich zahlreiche Restriktionen eingehalten werden. Damit diese übersichtlich dargestellt werden können, werden zunächst die Kategorien von Restriktionen genannt und dann im Einzelnen auf die Restriktionen eingegangen. Es ergeben sich insgesamt 10 Restriktionskategorien:

1. Flussrestriktionen der Inboundtouren

2. Flussrestriktionen der Outboundtouren

3. Zeitfensterrestriktionen bei den Lieferanten

4. Zeitfensterrestriktionen der Filialen

5. Zeitfensterrestriktionen des Crossdocking-Zentrums

6. Transportmittelrestriktionen hinsichtlich des mehrfachen Einsatzes

7. Kapazitätsrestriktionen der Transportmittel

8. Torbelegungsplanung der Inboundtouren

9. Torbelegungsplanung der Outboundtouren

10. Transport zwischen den Abfertigungstoren

Flussrestriktionen der Inboundtouren

$$\sum_{m\in\mathcal{N}} Y_{m,n}^{h} \leq 1 \qquad\qquad \forall\, h \in \mathcal{H}, n \in \mathcal{N} \qquad (4.2)$$

$$\sum_{m\in\mathcal{N}} Y_{m,n}^{h} - \sum_{m\in\mathcal{N}} Y_{n,m}^{h} = 0 \qquad\qquad \forall\, h \in \mathcal{H}, n \in \mathcal{N} \qquad (4.3)$$

$$\sum_{n\in\mathcal{N}} Y_{\overline{d},n}^{h} = \sum_{m\in\mathcal{N}} Y_{m,\overline{d}}^{h} = 1 \qquad\qquad \forall\, h \in \mathcal{H} \qquad (4.4)$$

$$Y_{m,n}^{h} \leq 1 - Y_{\overline{d},d}^{h} \qquad\qquad \forall\, m,n \in \mathcal{N}, h \in \mathcal{H} \qquad (4.5)$$

Im Gegensatz zu den Filialen soll es im Rahmen der Anlieferung erlaubt sein, Lieferanten mehrfach anzufahren, da diese eventuell Waren für verschiedene Kunden zu unterschiedlichen Zeitpunkten bereitstellen. Dabei wird durch (4.2) sichergestellt, dass aber innerhalb einer Tour jeder Lieferant maximal einmal besucht wird.

Analog zu den Flussrestriktionen der Auslieferung wird in (4.3) die An- und Abfahrt-Bilanz bei den Lieferanten sichergestellt, dass also keine Fahrzeuge verloren gehen.

In (4.4) wird festgelegt, dass jede Tour der Warenanlieferung am Depot startet und endet. Wiederum müssen nicht alle zur Verfügung stehenden Fahrzeuge eingesetzt werden. Dass die nicht eingesetzten Fahrzeuge keine Lieferanten besuchen können, wird in (4.5) festgelegt. Dabei wird ein ähnliches Prinzip verwendet, wie bereits bei den fiktiven Routen der Auslieferung beschrieben. Soll ein Fahrzeug nicht benutzt werden, so wird ihm die direkte Fahrt vom Depot zum CDZ zugeordnet, für die keine Kosten anfallen.

Flussrestriktionen der Outboundtouren

$$\sum_{k \in \mathcal{K}} \sum_{j \in \mathcal{F}} X_{i,j}^k = 1 \qquad \forall i \in \mathcal{F} \qquad (4.6)$$

$$\sum_{k \in \mathcal{K}} \sum_{j \in \mathcal{F}} X_{d,j}^k \leq \Omega + \sum_{k \in \mathcal{K}} \sum_{k' \in \mathcal{K}} \delta_{k,k'} \qquad (4.7)$$

$$\sum_{i \in \mathcal{F}} X_{i,j}^k - \sum_{i \in \mathcal{F}} X_{j,i}^k = 0 \qquad \forall k \in \mathcal{K}, j \in \mathcal{F} \qquad (4.8)$$

$$\sum_{i \in \mathcal{F}} \sum_{j \in \mathcal{F}} X_{i,j}^k \left(\sum_{n \in \mathcal{N}} d_j^n \right) \leq Q \qquad \forall k \in \mathcal{K} \qquad (4.9)$$

$$\sum_{j \in \mathcal{F}} X_{d,j}^k = \sum_{i \in \mathcal{F}} X_{i,d}^k = 1 \qquad \forall k \in \mathcal{K} \qquad (4.10)$$

$$X_{i,j}^k \leq 1 - X_{d,d}^k \qquad \forall i,j \in \mathcal{F}, k \in \mathcal{K} \qquad (4.11)$$

Durch Restriktion (4.6) wird sichergestellt, dass jede Filiale exakt einmal im Rahmen der Auslieferung besucht wird. (4.7) sorgt dafür, dass pro Zeitfenster nicht mehr Fahrzeuge ankommen bzw. abfahren als überhaupt vorhanden sind, wobei der mehrfache Einsatz eines Fahrzeuges berücksichtigt wird. Diese Restriktion impliziert auch, dass nicht jedes verfügbare Fahrzeug eingesetzt werden muss. Restriktion (4.8) sorgt für eine ausgeglichene An- und Abfahrtsbilanz eines Kunden, während in (4.9) sicher gestellt wird, dass der Gesamtbedarf der in einer Tour besuchten Kunden die Kapazität der ausliefernden Fahrzeuge nicht übersteigt. (4.10) stellt sicher, dass Anfang und Ende einer Tour jeweils am CDZ liegen.

Aus der Notation wird ersichtlich, dass eine bestimmte Anzahl an Touren ($|\mathcal{K}|$) für die Auslieferung vorgegeben ist, die nicht überschritten werden darf. Im Falle der Auslieferung muss nicht mehr zwischen Touren und Fahrzeugen unterschieden werden, da es sich um eine homogene Fahrzeugflotte handelt. Soll die Anzahl an Touren nicht restringiert werden, so ist diese Anzahl einfach genügend hoch anzusetzen, die Anzahl der zu beliefernden Filialen bietet hierfür eine natürliche Grenze. Es kann in einigen Fällen vorkommen, dass nicht alle zur Verfügung stehenden Touren für die optimale Lösung benötigt werden. Die nicht benötigten Touren besuchen also keine Filialen ($X_{d,d}^k = 0$). Diese Touren werden als *Dummy-Touren* bezeichnet. Restriktion (4.11) stellt dabei sicher, dass in einer Dummy-Tour keine Kunden besucht werden.

Zeitfensterrestriktionen bei den Lieferanten

$$T_m^h + t_m^s + t_{m,n} + t_n^h - T_n^h \leq M\left(1 - Y_{m,n}^h\right) \qquad \forall\, h \in \mathcal{H}, m \in \overline{\mathcal{K}}, n \in \widetilde{\mathcal{K}} \qquad (4.12)$$

$$T_m^h + t_m^s + t_{m,n} + t_n^h - T_n^h \geq M\left(Y_{m,n}^h - 1\right) \qquad \forall\, h \in \mathcal{H}, m \in \overline{\mathcal{K}}, n \in \widetilde{\mathcal{K}} \qquad (4.13)$$

$$\sum_v u_m^{v,h}\, a_m^v \leq T_m^h \leq \sum_v u_m^{v,h}\, e_m^v \qquad \forall\, m \in \mathcal{K}, h \in \mathcal{H} \qquad (4.14)$$

$$\sum_v u_m^{v,h} = 1 \qquad \forall\, m \in \widetilde{\mathcal{K}}, h \in \mathcal{H} \qquad (4.15)$$

$$\sum_v \sum_{p \in \mathcal{P}I} u_p^{v,h} a_d^v = T_d^h \qquad \forall\, h \in \mathcal{H} \qquad (4.16)$$

$$t_n^h \leq M \sum_{m \in \mathcal{K}} Y_{m,n}^h \qquad \forall\, n \in \mathcal{K}, h \in \mathcal{H} \qquad (4.17)$$

$$T_d^h \leq M\left(1 - Y_{d,d}^h\right) \qquad \forall\, h \in \mathcal{H} \qquad (4.18)$$

Der zeitliche Verlauf für die Fahrt vom Depot zu verschiedenen Lieferanten bis hin zur Ankunft am CDZ wird durch die Restriktionen (4.12) und (4.13) analog zu (4.12) und (4.20) repräsentiert. Die Einhaltung der Zeitfenster für die Abholung beim Lieferanten, legt (4.14) fest. Dabei muss, wie in (4.15) spezifiziert, die Ankunft innerhalb exakt eines Zeitfensters liegen. Restriktion (4.16) sorgt dafür, dass die Entladung am CDZ immer am Anfang eines Zeitfensters beginnt. Wartezeiten für ein Fahrzeug bei einem Lieferanten können nur entstehen, wenn das Fahrzeug den Lieferanten besucht, dies wird durch (4.17) festgelegt. Fahrzeuge, die nicht für den Warentransport benötigt werden, bekommen in (4.18) das fiktive Zeitfenster Null für ihre Ankunft zugeordnet.

Zeitfensterrestriktionen der Filialen

$$T_i + t_i^s + t_{i,j} + t_j - T_j \leq M\left(1 - X_{i,j}^k\right) \qquad \forall\, k \in \mathcal{K}, i, j \in \mathcal{F} \qquad (4.19)$$

$$T_i + t_i^s + t_{i,j} + t_j - T_j \geq M\left(X_{i,j}^k - 1\right) \qquad \forall\, k \in \mathcal{K}, i, j \in \mathcal{F} \qquad (4.20)$$

$$\sum_v u_i^v\, a_i^v \leq T_i \leq \sum_v u_i^v\, e_i^v + u_{late}^i\, W_i \qquad \forall\, i \in \mathcal{F} \qquad (4.21)$$

$$\sum_v u_i^v = 1 \qquad \forall\, i \in \mathcal{F} \qquad (4.22)$$

Die beiden Restriktionen (4.19) und (4.20) repräsentieren den zeitlichen Verlauf während der Ausliefertouren. Wird eine Verbindung $i \rightarrow j$ gefahren, so ergibt sich der Entladezeitpunkt bei j (T_j) aus dem Entladezeitpunkt bei i (T_i) plus der dortigen Servicezeit (t_i^s), der entsprechenden Fahrzeit $(t_{i,j})$ und einer eventuellen Wartezeit bei j (t_j).

In (4.21) wird sichergestellt, dass die Ankunftszeit T_i bei einer Filiale in einem der vorgegebenen Zeitfenster plus maximal zulässiger Verspätung W_i liegt. Wird dabei die Möglichkeit der Verspätung ausgenutzt, wird dies in der Komponente g der Zielfunktion mit den entsprechenden Strafkosten berücksichtigt. (4.22) stellt sicher, dass nur eines der möglichen Zeitfenster einer Filiale genutzt wird.

Zeitfensterrestriktionen des Crossdocking-Zentrums

$$T_d^k + t_{d,j} + t_j - T_j \leq M\left(1 - X_{d,j}^k\right) \qquad \forall k \in \mathcal{K}, j \in \mathcal{F} \qquad (4.23)$$

$$T_d^k + t_{d,j} + t_j - T_j \geq M\left(X_{d,j}^k - 1\right) \qquad \forall k \in \mathcal{K}, j \in \mathcal{F} \qquad (4.24)$$

$$T_d^k = \sum_v \sum_{q \in \mathcal{P}O} u_q^{v,k} l_d^v \qquad \forall k \in \mathcal{K} \qquad (4.25)$$

$$T_i + t_i^s + t_{i,d} - T_d^{k,an} \leq M\left(1 - X_{i,d}^k\right) \qquad \forall k \in \mathcal{K}, i \in \mathcal{F} \qquad (4.26)$$

$$T_i + t_i^s + t_{i,d} - T_d^{k,an} \geq M\left(X_{i,d}^k - 1\right) \qquad \forall k \in \mathcal{K}, i \in \mathcal{F} \qquad (4.27)$$

$$T_d^k \leq M\left(1 - X_{d,d}^k\right) \qquad \forall k \in \mathcal{K} \qquad (4.28)$$

Die Restriktionen (4.23) und (4.24) repräsentieren, analog zu (4.19) und (4.20), den zeitlichen Verlauf. Die Entladezeit beim ersten Kunden ergibt sich dabei aus der Abfahrtszeit T_d^k vom CDZ, der entsprechenden Fahrzeit $t_{d,i}$ und einer eventuellen Wartezeit beim Kunden. Die Abfahrtzeit einer Tour kann zu jedem Ende eines Zeitfensters von einem der Stackdoors erfolgen. Dies wird in (4.25) festgelegt.

Restriktionen (4.26) und (4.27) dienen zur Bestimmung der Wiederankunftszeit am CDZ. Wird von einem Kunden zum CDZ zurück gefahren, so ergibt sich die Ankunftszeit aus der Zeit der Entladung t_i^s beim Kunden und der Fahrzeit $t_{i,d}$. In (4.28) wird die Abfahrtszeit in das fiktive Zeitfenster Null gelegt, falls eine Tour keine Kunden besucht ($X_{d,d}^k = 1 \Rightarrow T_d^k = 0$).

Transportmittelrestriktionen hinsichtlich des mehrfachen Einsatzes

$$T_d^{k,an} + |v| - T_d^{k'} \leq M\left(1 - \delta_{k,k'}\right) \qquad \forall k, k' \in \mathcal{K} \qquad (4.29)$$

$$\sum_k \delta_{k,k'} \leq 1 - X_{d,d}^k \qquad \forall k \in \mathcal{K} \qquad (4.30)$$

$$\sum_k \delta_{k,k'} \leq 1 - X_{d,d}^{k'} \qquad \forall k' \in \mathcal{K} \qquad (4.31)$$

Damit ein Fahrzeug zwei Touren hintereinander fahren kann, muss die Ankunftszeit der ersten Tour plus eventuelle Ruhezeiten logischerweise vor der Abfahrtszeit der zweiten Tour liegen. Diese zeitlichen Komponenten werden in (4.29) berücksichtigt. So kann ein Fahrzeug beliebig viele Touren hintereinander fahren, sofern dies zeitlich möglich ist.

Jede Tour kann maximal einen direkten Nachfolger und einen direkten Vorgänger haben. Restriktionen (4.30) und (4.31) berücksichtigen dies und stellen zudem sicher, dass eine fiktive Tour keine Nachfolger und Vorgänger haben kann.

Kapazitätsrestriktionen der Transportmittel

$$l_n^h \leq Q^h \sum_{m \in \mathcal{N}} Y_{m,n}^h \qquad\qquad \forall\, n \in \mathcal{N}, h \in \mathcal{H} \qquad\qquad (4.32)$$

$$\sum_{n \in \mathcal{N}} l_n^h \leq Q^h \qquad\qquad \forall\, h \in \mathcal{H} \qquad\qquad (4.33)$$

Eine Beladung mit Produkten eines Lieferanten kann nur geschehen, wenn der Lieferant im Rahmen der Tourenplanung von dem entsprechenden Fahrzeug besucht wird. Grundsätzlich kann dann eine Beladung bis zur Kapazitätsgrenze Q^h vorgenommen werden. Dies spiegelt Restriktion (4.32) wider.

In (4.33) wird sichergestellt, dass die Gesamtladung (Summe aller Produkte einer Tour) eines Fahrzeuges die entsprechend verfügbare Kapazität Q^h nicht überschreitet.

Torbelegungsplanung der Inboundtouren

$$l_n^{p,v} - l_n^h \leq M\left(1 - u_p^{v,h}\right) \qquad \forall\left\{v \in \mathcal{V}\,|\,v \geq 1\right\}, n \in \mathcal{N}, h \in \mathcal{H}, p \in \mathcal{P}I \qquad (4.34)$$

$$l_n^{p,v} - l_n^h \geq M\left(u_p^{v,h} - 1\right) \qquad \forall\left\{v \in \mathcal{V}\,|\,v \geq 1\right\}, n \in \mathcal{N}, h \in \mathcal{H}, p \in \mathcal{P}I \qquad (4.35)$$

$$l_n^{p,v} \leq M \sum_{h \in \mathcal{H}} u_p^{v,h} \qquad \forall\left\{v \in \mathcal{V}\,|\,v \geq 1\right\}, n \in \mathcal{N}, p \in \mathcal{P}I \qquad (4.36)$$

$$\sum_{\substack{v \geq 1 \\ v \in \mathcal{V}}} \sum_{p \in \mathcal{P}I} u_p^{v,h} \leq 1 \qquad \forall\, h \in \mathcal{H} \qquad (4.37)$$

$$\sum_{h \in \mathcal{H}} u_p^{v,h} \leq 1 \qquad \forall\left\{v \in \mathcal{V}\,|\,v \geq 1\right\}, p \in \mathcal{P}I \qquad (4.38)$$

Die Ladungsmenge eines ankommenden Fahrzeugs wird dem Zeitfenster zugeordnet, das dem Fahrzeug zugewiesen wurde. Die Ladungsmenge wird quasi vom Fahrzeug h auf die entsprechende Stripdoor im Zeitfenster v „umgebucht" und steht zur weiteren Verwendung zur Verfügung. Dafür sorgen die Nebenbedinungen (4.34) und (4.35).

Bleibt ein Stripdoor in einem Zeitfenster unbesetzt, so steht dort auch keine Menge für den weiteren Transport zur Verfügung ($u_p^{v,h} = 0 \Rightarrow l_n^{p,v} = 0$). Dies wird durch (4.36) sichergestellt Dass jedem ankommenden Fahrzeug nur ein Stripdoor-Zeitfenster zugeordnet wird, stellt (4.37) sicher, während (4.38) dafür sorgt, dass jedem Stripdoor innerhalb eines Zeitfensters nur ein Fahrzeug zugewiesen wird.

Torbelegungsplanung der Outboundtouren

$$d_n^{q,v} - \sum_{j \in \mathcal{F}} \sum_{i \in \mathcal{F}} X_{i,j}^k d_j^n \leq M \left(1 - u_q^{v,k}\right) \qquad \forall \left\{v \in \mathcal{V} \,|\, v \geq 1\right\},$$
$$n \in \mathcal{N}, k \in \mathcal{K}, q \in \mathcal{PO} \qquad (4.39)$$

$$d_n^{q,v} - \sum_{j \in \mathcal{F}} \sum_{i \in \mathcal{F}} X_{i,j}^k d_j^n \geq M \left(u_q^{v,k} - 1\right) \qquad \forall \left\{v \in \mathcal{V} \,|\, v \geq 1\right\},$$
$$n \in \mathcal{N}, k \in \mathcal{K}, q \in \mathcal{PO} \qquad (4.40)$$

$$d_n^{q,v} \leq M \sum_{k \in \mathcal{K}} u_q^{v,k} \qquad \forall \left\{v \in \mathcal{V} \,|\, v \geq 1\right\},$$
$$n \in \mathcal{N}, q \in \mathcal{PO} \qquad (4.41)$$

$$\sum_{\substack{v \geq 1 \\ v \in \mathcal{V}}} \sum_{q \in \mathcal{PO}} u_q^{v,k} \leq 1 \qquad \forall k \in \mathcal{K} \qquad (4.42)$$

$$\sum_{k \in \mathcal{K}} u_q^{k,v} \leq 1 \qquad \forall \left\{v \in \mathcal{V} \,|\, v \geq 1\right\}, q \in \mathcal{PO} \qquad (4.43)$$

Wird einer Auslieferungstour ein Stackdoor-Zeitfenster zugeordnet, so soll die Warenmenge, die diese Tour benötigt, als Bedarf an dieses Stackdoor-Zeitfenster behandelt werden ((4.39) und (4.40)). Bleibt ein Stackdoor in einem Zeitfenster dagegen unbesetzt, so gibt es hier auch keinen Bedarf wie in (4.41) spezifiziert. In (4.42) wird dabei sichergestellt, dass jede abfahrende Route exakt ein Stackdoor-Zeitfenster zugeordnet bekommt, während (4.43) dafür sorgt, dass jedem Stackdoor-Zeitfenster maximal eine Route zugewiesen wird.

Transport zwischen den Abfertigungstoren

$$\sum_{q \in \mathcal{PO}} l_{n,v}^{p,q} = l_n^{p,v} \qquad \forall \left\{v \in \mathcal{V} \,|\, v \geq 1\right\}, n \in \mathcal{N}, p \in \mathcal{PI} \qquad (4.44)$$

$$\sum_{v=1}^{v'} d_n^{q,v} \leq \sum_{p \in \mathcal{PI}} \sum_{\substack{v=1 \\ v \geq 1}}^{v'-v_{p,q}} l_{n,v}^{p,q} \qquad \forall \left\{v' \in \mathcal{V} \,|\, v' \geq 1\right\}, n \in \mathcal{N}, q \in \mathcal{PO} \qquad (4.45)$$

Nachdem die Fahrzeuge am Stripdoor entladen wurden, muss ermittelt werden, zu welchen Stackdoors die Waren zu transportieren sind. Restriktion (4.44) stellt sicher, dass die gesamte angekommene Menge an die Stackdoors weiter transportiert wird; Teilmengen sind ausgeschlossen. Für das zeit- und mengengerechte Bereitstellen der Ware an den Stackdoors sorgt Restriktion (4.45). Dabei wird jeweils ein bestimmtes Stackdoor-Zeitfenster und ein bestimmtes Produkt, also die Warenlieferungen eines bestimmten Lieferanten, betrachtet.

Die bis zu diesem Zeitfenster kumulierten Transportmengen zum Stackdoor müssen dabei größer (oder gleich) sein als der bis dahin am Stackdoor angefallene Bedarf ($d_n^{q,v}$). Dabei werden auch die unterschiedlichen Transportzeiten zwischen den verschiedenen Abfertigungstoren berücksichtigt.

4.2.3 Erweiterungsmöglichkeiten

Wie einführend gefordert, soll das hier vorgestellte Modell CDSP ((4.1)-(4.45)) möglichst allgemeingültig und auf spezielle Bedürfnisse anpassbar sein. Daher werden in diesem Abschnitt einige ergänzende Möglichkeiten zur Erweiterung des Modells aufgezeigt.

Mehrmalige Anlieferungen pro Tag - Produktionsversorgung nach dem JIT-Prinzip

Im beschriebenen CDSP-Modell wird davon ausgegangen, dass die Empfänger Handelsfilialen in innerstädtischen Gebieten sind. Da die Warenverräumung in Handelsfilialen einen großen Anteil an der täglichen Arbeitsbelastung hat und darüber hinaus oft nur wenig Zeit zur Belieferung zur Verfügung steht (tageszeitabhängige Lastverkehrsverbote) dürfen die Filialen i.d.R. nur einmal pro Tag angefahren werden. Es sind aber durchaus Szenarien vorstellbar, in denen innerhalb eines Tages mehrmalig zu unterschiedlichen Zeiten eine Anlieferung erforderlich ist. Dies könnte zum Beispiel bei der Operation eines CDZ zur Unterstützung einer Just-In-Time Produktion vorkommen (*Manufacturing Crossdocking*, vgl. Abschnitt 2.2.3). Auch diese Situation kann mit dem vorgestellten Modell adäquat abgebildet werden. Dazu wird jeder Bedarf des Empfängers mit dem dazugehörigen Zeitfenster einzeln als Warenempfänger modelliert, wobei die Standortkoordinaten identisch sind. Ist eine Produktion z.B. morgens um 9.00 Uhr, Nachmittags um 14.00 Uhr und Abends um 18.00 Uhr mit unterschiedlichen Sendungen zu beliefern, so wird sie wie drei verschiedene Standorte modelliert, die aber die gleichen Koordinaten haben. Nun meldet jeder dieser Standorte seinen Bedarf und seine Anlieferzeit einzeln. Der Unterschied zu den im Modell bereits berücksichtigten multiplen Zeitfenstern besteht daher darin, dass es sich bei den multiplen Zeitfenstern um eine Lieferung handelt, die aber zu unterschiedlichen Zeiten geliefert werden darf.

Ergänzende Restriktionen zur Auslastung - Personaleinsatzplanung

Der Betreiber des CDZ kann u.U. daran interessiert sein, den zeitlichen Verlauf der Auslastung an den Strip- und Stackdoors zu beeinflussen. Beispielsweise ist es wünschenswert, starke Schwankungen in der Auslastung zu vermeiden, um so eine günstigere Personalplanung zu erreichen. Weiterhin ist es denkbar, dass in bestimmten Zeitfenstern nicht die volle

Kapazität des CDZ nutzbar ist und deshalb die Anzahl der An- und Abfahrten begrenzt werden soll. Dies ist durch folgende Restriktionen im Modell abbildbar:

$$\sum_{k \in \mathcal{K}} \sum_{q \in \mathcal{P}O} u_q^{v,k} \leq N_v^{out} \qquad \forall \left\{ v \in \mathcal{V} \, | \, v \geq 1 \right\} \tag{4.46}$$

$$\sum_{h \in \mathcal{H}} \sum_{p \in \mathcal{P}I} u_p^{v,h} \leq N_v^{in} \qquad \forall \left\{ v \in \mathcal{V} \, | \, v \geq 1 \right\} \tag{4.47}$$

Dabei bezeichnen N_v^{in} und N_v^{out} die für das Zeitfenster v festgelegte maximale Anzahl an An- oder Abfahrten. Möchte man nur die Gesamtzahl der An- und Abfahrten begrenzen, so ist dies durch eine Zusammenfassung der beiden Restriktionen ebenfalls möglich. Sie eignen sich auch sehr gut dafür, das CDZ über einen gewissen Zeitraum langsam hochzufahren, dann auf maximaler Last zu betreiben und zum Ende des Tages die Auslastung wieder langsam herunterzufahren und so die Personalplanung daraufhin abzustimmen.

Sollen An- und Abfahrten in bestimmten Zeitfenstern gefördert werden, um Einfluss auf die Auslastung zu nehmen, bietet sich die Anpassung der zeitfensterspezifischen Handlingkosten c_{hand}^v an. So kann man die Handlingkosten an Tagesrandzeiten, an denen eine höhere Auslastung zusätzliches Personal erfordern würde, mit entsprechend höheren Kosten versehen. Sind die Kostenparameter gesetzt, kalkuliert das Modell ob es günstiger ist, zusätzliches Personal bereitzustellen, oder den Plan für die An- und Abfahrten zu variieren.

Variable Abfertigungszeiten innerhalb des CDZ - Produktspezifisches Handling und Value Added Services

Der Transport der Waren zwischen den Abfertigungstoren ist in der bisherigen Betrachtung allein von der Wahl des entsprechenden Strip- und Stackdoors, also von der Distanz dieser beiden Tore, abhängig. Die Dauer der daraus resultierenden Transportzeiten wird in der Anzahl benötigter Zeitfenster gemessen und ist in Restriktion (4.44) festgelegt. Über diese Annahme hinaus ist es allerdings denkbar, dass bestimmte Waren aufgrund produktspezifischer Eigenschaften (Maße, Gewicht, Kühlung) ein spezielles Handling erfordern, wodurch sich die Transportzeiten ändern können, weil die Waren bspw. nicht über die installierte Fördertechnik transportiert werden kann. Nun kann es vorkommen, dass gewisse Produkte eine längere bzw. kürzere Zeit für den Transport benötigen. Um diese Situation adäquat abzubilden, kann Restriktion (4.45) für die Erzeugnisse eines jeden Lieferanten individuell formuliert werden.

Ist die Transportzeit im CDZ, also die benötigte Zeit von den Strip- zu den Stackdoors, für die Produkte eines Lieferanten n' ($n' \in \mathcal{N}$) eine bestimmte Anzahl a' an Zeitfenstern höher als für alle anderen Produkte, so kann dies wie folgt abgebildet werden:

$$\sum_{v=1}^{v'} d_{n'}^{q,v} \leq \sum_{p \in \mathcal{P}I} \sum_{\substack{v=1 \\ v \geq 1}}^{v'-v_{p,q}-a'} l_{n',v}^{p,q} \qquad \forall \left\{ v' \in \mathcal{V} \, | \, v' \geq 1 \right\}, q \in \mathcal{P}O \tag{4.48}$$

$$\sum_{v=1}^{v'} d_n^{q,v} \leq \sum_{p \in \mathcal{P}I} \sum_{\substack{v=1 \\ v \geq 1}}^{v'-v_{p,q}} l_{n,v}^{p,q} \qquad \forall \left\{ v' \in \mathcal{V} \, | \, v' \geq 1 \right\}, \left\{ n \in \mathcal{N} \, | \, n \neq n' \right\}, q \in \mathcal{P}O \tag{4.49}$$

Mit (4.48) und (4.49) lassen sich auf elegante Weise auch *Value Added Services (VAS)* durch das Modell abbilden, wie z. B. Etikettierung, Konfektionierung oder Umverpackungen. Die dafür benötigte Mehrzeit kann nun produkt- bzw. lieferantenspezifisch hinterlegt werden. Neben den Zeiten können auch die Kosten für den Transport der Waren zwischen den Toren produkt- bzw. lieferantenspezifisch festgelegt werden. Hierfür muss nur die entsprechende Kostenkomponente in der Zielfunktion $(c_{p,q})$ um diese Dimension erweitert werden $(c_{p,q}^n)$.

4.3 Kategorien von Lösungsverfahren

Das für die zentral-hierarchische Planung und Steuerung von Crossdocking-Zentren aufgestellte Crossdocking Scheduling Problem ist ein kombinatorisches Optimierungsproblem. Um eine allen Restriktionen ((4.6) - (4.45)) gerecht werdende Lösung für die in (4.1) dargestellte Zielfunktion zu finden, existieren verschiedene Lösungsverfahren. Allgemein lassen sich diese Verfahren in exakte Verfahren, problemspezifische Heuristiken sowie Metaheuristiken unterteilen.

4.3.1 Exakte Verfahren

Exakte Verfahren ermitteln für eine gegebene Problemstellung nachweislich das mathematische Optimum. Dazu zählt das im Folgenden verwendete Verfahren des Branch-and-Bound (Abschnitt 4.4) sowie die vollständige Enumeration. Grundsätzlich kann man jedes kombinatorische Optimierungsproblem mittels der vollständigen Enumeration optimal lösen. Dabei werden alle Elemente des Lösungsraumes explizit betrachtet und mit der Zielfunktion bewertet. Aufgrund des exponentiellen Wachstums der Größe des Lösungsbaumes ist dieses Verfahren allerdings nur für sehr kleine Problemstellungen geeignet (Neumann und Morlock 2002). Zur Verdeutlichung denke man an ein Reihenfolgeproblem mit 50 Elementen. Es existieren für dieses Problem $50! = 3,04 \times 10^{64}$ Möglichkeiten für die Lösung. Der momentan schnellste Computer der Welt[3] ist in der Lage 280 Teraflops, das sind $2,8 \times 10^{14}$ Rechenoperationen in der Sekunde, durchzuführen. Selbst ein solcher Supercomputer bräuchte immer noch ca. 10^{50} Sekunden für die vollständige Enumeration aller Lösungsmöglichkeiten unter der vereinfachenden Annahme, er benötige nur eine Rechenoperation zur Berechnung und Bewertung einer Lösung. Zum Vergleich: Das Alter des Universums wird auf ca. 4×10^{17} Sekunden datiert! Die Zwecklosigkeit dieses Unterfangens für jedes praktische Optimierungsproblem wird hier schnell deutlich.

Um den Lösungsaufwand gegenüber der vollständigen Enumeration zu reduzieren, werden daher so genannte implizite Verfahren eingesetzt, bei denen sukzessive Teilmengen des Lösungsraumes ausgesondert werden, in denen sichergestellt werden kann, dass dort keine optimale Lösung liegt.

Ein weiteres (neben Branch-and-Bound) implizites Enumerationsverfahren ist die dynamische Programmierung. Auch bei diesem Konzept wird zunächst das Ausgangsproblem syste-

---

[3] IBM BlueGene/L, `http://www.research.ibm.com/bluegene`

matisch in Teilprobleme zerlegt, wobei die Teilergebnisse in Tabellen abgespeichert werden. Das Endergebnis ergibt sich dann durch eine optimale Verkettung der Teilergebnisse.

Ein viel versprechender Lösungsansatz zur schnellen exakten Lösung ist die Integration von *Constraint Logic Programming (CLP)* und *Mixed Integer Programming (MIP)*. Während Constaint Logic Programming darauf abzielt, schnell zulässige Lösungen zu finden, steht beim Mixed Integer Programming die optimale Lösung im Vordergrund (Hentenryck 2002). Durch die Integration der komplementären Stärken beider Verfahren erhofft man sich eine deutliche Laufzeitverbesserung im Rahmen der exakten Verfahren. Einen guten Überblick über diese Kombination findet man in Ottosson (2000) sowie in Rodošek et al. (1999).

Als letztes soll an dieser Stelle noch das Prinzip der Spaltenerzeugung (*Column Generation*) erwähnt werden, welches sich insbesondere für Tourenplanungsprobleme eignet. Das Verfahren unterteilt das Problem in ein Subproblem, indem zulässige Touren erzeugt werden, und in ein Masterproblem, welches diese zulässigen Touren kostenoptimal kombiniert. Besonders erwähnenswert ist, dass dieses Verfahren sowohl eine optimale Lösung liefern kann als auch bei vorzeitigem Abbruch eine Gütegarantie für die gefundene Lösung bietet (Hochstättler et al. 2000). Cardeneo (2005) kombiniert in seiner Arbeit erfolgreich das Verfahren der *Column Generation* mit dem des *Constrained Programming*, um so das Problem der Tourenplanung mit alternativen Lieferorten zu lösen.

4.3.2 Problemspezifische Heuristiken

Unter problemspezifischen Heuristiken versteht man Verfahren, die aus sinnvollen Vorgehensregeln zur Lösungsfindung bestehen und dabei die individuelle Problemstruktur berücksichtigen. Sie zielen nicht auf eine nachweislich optimale Lösung ab, sondern versuchen vielmehr in kurzer Zeit eine möglichst gute Lösung hervorzubringen.

Allgemein lassen sich problemspezifische Heuristiken in Konstruktions- und Verbesserungsverfahren einteilen. *Konstruktionsverfahren* zielen darauf ab, eine erste zulässige Lösung zu erhalten, während *Verbesserungsverfahren* ausgehend von einer zulässigen Lösung, dazu benutzt werden, die Lösungsqualität schrittweise zu steigern. Zu diesem Zwecke wird meist eine lokale Nachbarschaftssuche (*local search*) durchgeführt.

4.3.3 Metaheuristiken

Metaheuristiken sind allgemeine, d.h. problemunabhängige Verfahrenskonzepte, die sich bei der Suche nach nahezu optimalen Lösungen im Lösungsraum eines gegebenen Problems untergeordneter, problemspezifischer Heuristiken bedienen, die sie nach intelligenten Prinzipien steuern. Mit dem Einsatz von Metaheuristiken verfolgt man die Absicht, die Schwächen herkömmlicher Heuristiken, z.B. das Festlaufen in lokalen Optima, zu überwinden. Zu den wichtigsten Metaheuristiken zählen das Tabu-Search Verfahren, Simulated Annealing und Genetische Algorithmen.

4.4 Exakte Lösung des Crossdocking Scheduling Problems mittels Branch-and-Bound

In diesem Abschnitt wird das angewandte Lösungsverfahren zur Ermittlung exakter Lösungen für das CDSP vorgestellt. Dafür wird das Verfahren des Branch-and-Bound zunächst allgemein erläutert, anschließend wird auf verfahrensspezifische Anpassungen eingegangen, die im Rahmen der Untersuchung Effizienzsteigerungen gezeigt haben. Darüber hinaus lassen sich durch Veränderungen der Modellierung weitere Laufzeitverkürzungen erzielen. Die Erläuterung dieser Modifikationen schließt die Beschreibung der exakten Lösung des CDSP ab.

4.4.1 Das Branch-and-Bound Verfahren

Das Branch-and-Bound Verfahren hat sich als eines der Standardtechniken zur Lösung kombinatorischer Optimierungsprobleme etabliert. Es basiert auf einer *Divide-and-Conquer* Strategie. Dabei wird das Problem sukzessive in kleinere Teilprobleme zerlegt und diese Teilprobleme dahingehend untersucht, ob in ihnen die optimale Lösung des Problems liegen kann. „Uninteressante" Teilprobleme werden eliminiert und so der gesamte Lösungsraum verkleinert.

Dafür wird jeder Entscheidungsvariablen x_j einer von drei Zuständen zugewiesen: gesetzt, gesperrt oder frei. Diese Zustände werden durch die Variable s_j ausgedrückt, für die gilt:

$$
s_j = \begin{cases}
1 & : \quad x_j = 1 \text{ (gesetzt)} \\
0 & : \quad x_j = 0 \text{ (gesperrt)} \\
-1 & : \quad x_j = \{0,1\} \text{ (frei)}
\end{cases}
\tag{4.50}
$$

Es ergibt sich ein Ausgangsvektor $\vec{s} = (-1,\ldots,-1)^T$, der die Wurzel des aufzubauenden Suchbaumes darstellt. In ihm sind noch alle Zustände auf „frei" gesetzt. Nun kann jeder Knoten im Suchbaum sukzessive untersucht werden. Noch nicht untersuchte Knoten werden als „aktive" Knoten bezeichnet. Knoten, in denen s_j bereits fixiert ist, werden als „ausgelotet" oder „tot" bezeichnet. Mit $\mathcal{K}$ wird die Menge aller aktiven Knoten bezeichnet.

Für die Untersuchung eines Knotens berechnet der Algorithmus eine Relaxation P' des gegebenen Problems P, bei der die Restriktionen über die Ganzzahligkeit der Variablen vernachlässigt werden. Wird bei der gefundenen Lösung der Relaxation die geforderte Ganzzahligkeit nicht verletzt, ist bereits die optimale Lösung gefunden. Kann für die Relaxation keine Lösung gefunden werden, so ist auch das Ausgangsproblem nicht lösbar.

Ist die geforderte Ganzzahligkeit verletzt, so wird das Problem in zwei oder mehr Subprobleme verzweigt *(branching)*. Dabei wird die ungültige Lösung der Relaxation eliminiert, ohne eine mögliche ganzzahlige Lösung auszuschließen. Außerdem werden die Subprobleme aus dem Suchbaum ausgeschnitten, in denen aufgrund ihres Zielfunktionswerts keine optimale Lösung liegen kann *(bounding)*.

Besitzt z. B. eine ganzzahlige Variable x_j den nicht ganzzahligen Wert x_j^*, werden die zwei weiteren Restriktionen $x_j \leq \lfloor x_j^* \rfloor$ und $x_j \geq \lceil x_j^* \rceil$ eingeführt. Das Verfahren, durch Einfügen von Ungleichungen unzulässige Lösungen abzuschneiden, ist auch als *Cutting-Plane-Methode* bekannt, auf die in einem späteren Teil gesondert eingegangen wird.

Zwei wichtige Größen, die während des oben beschriebenen Branching-Prozesses generiert werden, sind die oberen *(upper)* und unteren *(lower)* Grenzen *(bounds)* der Zielfunktion. Die obere Grenze (UB) wird durch bereits gefundene, zulässige Lösungen determiniert, während die untere Grenze (LB) durch die Relaxation aller aktiven Knoten festgelegt wird. Der Algorithmus terminiert mit einer gültigen, optimalen Lösung, wenn obere und untere Grenze übereinstimmen.

Algorithmus 1 zeigt den grundlegenden Ablauf des Branch-and-Bound Verfahrens in Anlehnung an Neumann und Morlock (2002). Eine ausführlichere Beschreibung des Branch-and-Bound Verfahrens findet sich ebenfalls bei Neumann und Morlock (2002).

Algorithmus 1 Branch-and-Bound Verfahren

$UB := \infty;$

while $\mathcal{K} \neq \emptyset$ **do**
    Wähle $j \in \mathcal{K}$;
    $\mathcal{K} := \mathcal{K} \setminus \{j\}$
    if P_j' zulässig **then**
        Löse $P_j' \Rightarrow x_j, LB_j$
        if $LB_j \leq UB$ **then**
            if $x_j \in Z^n$ **then**
                $x^0 := x_j;$
                $UB := LB_j;$
                Knoten j ist ausgelotet;
            else
                teile P_j' in Subprobleme;
                Füge neue Knoten $\mathcal{K}$ hinzu;
            end if
        else
            keine Verbesserung, Knoten j ist ausgelotet;
        end if
    else
        P_j' ist unzulässig, Knoten j ausgelotet
    end if
end while

Lösung für P: $x = x^0$, Zielfunktionswert UB

4.4.2 Anpassung des Lösungsverfahrens

Das beschriebene CDSP wurde in der Optimierungsumgebung ILOG[4] OPL STUDIO 3.6.1 implementiert. Diese verwendet das im Solver ILOG CPLEX 8.1 integrierte Branch-and-Bound Verfahren zur Lösung ganzzahliger bzw. gemischt-ganzzahliger Optimierungsprobleme. Die Optimierungsumgebung erlaubt eine Menge von Anpassungsmöglichkeiten des Branch-and-Bound Verfahrens an konkrete Problemstellungen. Im Folgenden werden Anpassungen und Einstellungen, die in Bezug auf das CDSP Effizienzsteigerungen gezeigt haben, in einem allgemeinen Kontext vorgestellt. Im Wesentlichen handelt es sich dabei um drei Kategorien von Anpassungen: *Preprocessing*, *Branch-and-Bound-Strategie* und *Cutting Planes*.

Preprocessing

Preprocessing ist dem eigentlichen Lösungsprozess vorgeschaltet. Es zielt darauf ab, möglichst viele redundante Informationen aus der Problemformulierung zu entfernen und den Lösungsraum durch logische Implikationen zu verkleinern. Es ist eine sehr effektive Technik, um die benötigte Rechenzeit für die Lösung enorm zu reduzieren. Normalerweise wird das Preprocessing nur einmal zum Anfang der Lösungsprozedur angewendet, in einigen Fällen kann es sich allerdings auch auszahlen, die Preprocessing Routine mehrmals an verschiedenen Knoten des Branch-and-Bound Suchbaumes anzuwenden. Da aber auch das Preprocessing eine gewisse Zeit in Anspruch nimmt, ist die grundsätzliche Frage bei jeder Anwendung, ob sich durch den Einsatz der Technik mehr Zeit sparen lässt, als sie selbst verbraucht.

Die wesentlichen Prozesse innerhalb des Preprocessing sind das *Node Presolve*, die *Node Heuristics* und das *Symmetry Breaking*:

Node Presolve: Beim Node Presolve versucht man durch Anwendung bestimmter Routinen eine Vereinfachung des Ausgangsproblems zu erzielen. Der Lösungsraum wird also bereits reduziert, bevor mit dem Branching begonnen wird. Zwei wesentliche Routinen im Rahmen des Node Presolve sind dabei das *Coefficient Reduction* und das *Bound Strengthening*. Beim Coefficient Reduction wird die initiale LP-Relaxation verbessert, indem nicht ganzzahlige Eckpunkte abgeschnitten werden können, während beim Bound Strengthening versucht wird, nach der Fixierung einer Variablen auf einen ganzzahligen Wert, weitere Variablen, die zur fixierten Variablen durch Restriktionen in Beziehung stehen, ebenfalls festzulegen.

Node Heuristics: Anstatt darauf zu warten, dass eine zulässige Lösung durch den Branching-Prozess entdeckt wird, können an bestimmten Knoten im Lösungsbaum Heuristiken angewendet werden, um ganzzahlige Lösungen zu erhalten. Da die obere Grenze des Zielfunktionswertes durch die zulässigen Lösungen determiniert wird, kann eine gute zulässige Lösung die Anzahl an Verzweigungen im Lösungsbaum stark reduzieren und so den Lösungsprozess erheblich beschleunigen.

---

[4]Weitere Informationen zur Optimierungsumgebung ILOG unter `http://www.ilog.com`

Symmetry Breaking: Symmetrien entstehen durch Bereiche des Suchraumes, die äquivalent zueinander sind. Beinhaltet ein solcher Bereich keine zulässige Lösung, so wird ein dazu äquivalenter Bereich ebenfalls keine Lösung enthalten. Wird andererseits eine Lösung gefunden, wird es auch im äquivalenten Bereich eine Lösung geben, die allerdings gleichbedeutend mit der bereits gefundenen ist. Daraus folgt, dass symmetrische Bereiche vom Suchbaum ausgeschlossen werden können (Fahle et al. 2001). Um Symmetrien während der Lösungssuche zu eliminieren, gibt es verschiedene Verfahren. Eine Möglichkeit ist es, Cuts zu generieren, die gezielt symmetrische Bereiche ausschließen. Weiterhin können während der Lösungssuche auch dynamische Restriktionen zur Vermeidung von Symmetrien eingefügt werden. Verbreitete Verfahren sind dabei das *Symmetry Breaking during Search* (SBDS) und das *Symmetry Breaking via Dominance Detection* (SBDD). Einen Überblick über Symmetry Breaking Verfahren liefert Sellmann (2002). Auf eine weitere Möglichkeit, einige Arten von Symmetrien bereits während Modellierung abzufangen, wird in Abschnitt 4.4.3 noch einmal gesondert eingegangen.

Branch-and-Bound Strategien

Die verschiedenen Strategien, wie der Lösungsbaum mit Hilfe des Branch-and-Bound Verfahrens durchsucht werden kann, haben einen wesentlichen Einfluss auf die Laufzeit des Algorithmus. Die erste Strategie befasst sich mit der Frage, in welcher Reihenfolge die ungelösten Knoten des Lösungsbaumes abgearbeitet werden *(Node Selection)*, während die zweite Strategie sich damit befasst, auf welcher der noch nicht ganzzahligen Variablen als nächstes verzweigt werden soll *(Variable Selection)*.

Node Selection: Bei der Auswahl, welcher Knoten des Lösungsbaumes als nächstes abgearbeitet werden soll, ist die wichtigste Frage, wo sich eine gute bzw. die optimale Lösung finden lässt. Für die Reihenfolge der Abarbeitung gibt es verschiedene Strategien:

Beim *Best-Bound Search* wird der Knoten mit dem besten Zielfunktionswert der LP Relaxation für die nächste Abarbeitung ausgewählt. Das *Best-Estimate Search* schätzt zunächst ab, welchen Wert die Zielfunktion mit einer zulässigen Lösung erreichen könnte, um dann den Knoten mit der besten Abschätzung auszuwählen. Aus beiden Fällen resultiert ein in die Breite gehender Suchbaum.

Ganz anders beim *Depth-First Search*. Die Auswahl der nächsten Bearbeitung wird dabei auf die Nachfolger des aktuellen Knotens beschränkt. Aus dieser Strategie resultiert eine schnellere Prozesszeit pro Knoten. Allerdings wird dabei jede Verzweigung bis zur untersten Ebene durchsucht, bevor ein anderer Zweig untersucht werden kann. So kann für die Betrachtung eines Zweigs ein erheblicher Zeitbedarf benötigt werden.

Variable Selection: Ist die Entscheidung getroffen, an welcher Stelle im Lösungsbaum weitergearbeitet werden soll, stellt sich nun die Frage, auf welcher der noch nicht ganzzahligen Variablen als nächstes verzweigt werden soll. Auch hier gibt es verschiedene Strategien:

Beim *Maximum-Infeasibility-Branch* wird die Variable verzweigt, die am wenigsten zu einer bestimmten Richtung tendiert, also nahe am Wert 0,5 liegt. Die Idee dahinter ist, dass eine Festlegung dieser Variablen den größten Einfluss auf den Zielfunktionswert hat.

Bei der Variante *Minimum-Infeasibility-Branch* wird dagegen grundsätzlich auf der Variablen verzweigt, die am nächsten an der gewünschten Ganzzahligkeit liegt. Dies führt in der Regel sehr viel schneller zu ersten zulässigen Lösungen.

Beim *Pseudo-Cost-Branching* werden die Verbesserungen, die beim Verzweigen einer bestimmten Variablen erzielt wurden, festgehalten. Stellt sich die Frage, auf welcher der Variablen als nächstes verzweigt werden soll, werden diese Information genutzt und es wird auf der Variablen verzweigt, die die größten bisherigen Verbesserungen erzielt hat. Der Nachteil dieses Verfahren ist, dass am Anfang des Lösungsprozesses, wenn die Verzweigungsentscheidungen am wichtigsten sind, noch keine Informationen über diese so genannten Pseudo-Kosten vorhanden sind.

Idee des *Strong Branching* ist es, bevor eine Verzweigung auf einer Variablen vorgenommen wird, zu testen, ob dadurch tatsächlich eine Verbesserung erzielt werden kann. Dabei werden verschiedene Variablen temporär auf feste Werte fixiert. Anschließend wird jeweils eine Iteration des Dual Simplex (Neumann und Morlock 2002) durchgeführt, um die Verbesserung der Zielfunktion zu messen.

Das Verfahren *Pseudo-Reduced-Cost-Branching* macht zunächst eine Abschätzung, inwieweit sich die Zielfunktion durch eine bestimmte Verzweigung verschlechtern kann. Auf Grund dieser Informationen wird versucht, geeignete Variablen für das Branching zu identifizieren.

Eine grundsätzlich zu bevorzugende Strategie im Rahmen der Node Selection gibt es nicht (Linderoth und Savelsbergh 1997). Vielmehr muss auf Grund der Problemstruktur und eventuell durch experimentelle Überprüfungen analysiert werden, welche Strategie sich für eine konkrete Problemstellung am besten eignet.

Cutting Planes

Ein wesentlicher Schlüssel für die erfolgreiche Lösung größerer, gemischt-ganzzahliger Optimierungsprobleme liegt in einem effizienten Verfahren zur Ermittlung unterer und oberer Schranken für den Zielfunktionswert. Um den Lösungsraum weiter zu verkleinern und somit die untere Schranke, welche sich aus der Relaxation ergibt, stetig zu verbessern, werden nun auch *cutting planes* bzw. vereinfacht *cuts*, eingeführt, die nicht nur unzulässige, sondern auch zulässige Lösungen abschneiden. Bedingung dabei ist, dass zumindest eine optimale Integer Lösung immer beibehalten wird. Solche cuts werden typischerweise als *optimality cuts* bezeichnet. Im Rahmen der Branch-and-Cut Verfahren wurde eine Reihe von Techniken zur Reduzierung des Lösungsraumes entwickelt:

Bei *Cliques Cuts* werden zwei oder mehr Binär-Variablen auf ihre gegenseitige Kompatibilität geprüft. Dabei sind Variablen zueinander inkompatibel, wenn maximal eine der Variablen einen Wert größer als Null annehmen darf. Der inkompatible Bereich ist dabei eine unzulässige Lösung und wird vom Lösungsbaum abgeschnitten.

Ein weiteres Beispiel sind *Implied Bound Cuts*, bei denen Grenzen für reellwertige Variablen durch Fixierung ganzzahliger Variablen gesetzt werden. Eine Beschreibung dieser und weiterer Kategorien von Cuts (*MIP Flow Path Cuts*, *MIP disjunctive Cuts*, *Mixed Integer Rounding Cuts* und *Gomory fractional Cuts*) wurden von Martin (2001) beschrieben.

4.4.3 Zusätzliche Restriktionen zur Effizienzsteigerung des Lösungsverfahrens

In Hinblick auf die benötigte Rechenzeit zur Lösung des CDSP ist eine effiziente Modellierung fast ebenso wichtig, wie der Lösungsalgorithmus selbst. Aus diesem Grunde werden an dieser Stelle Möglichkeiten zur Effizienzsteigerung für das vorgestellte Modell betrachtet. Dabei handelt es sich insbesondere um das Einfügen zusätzlicher Restriktionen, die dem Lösungsalgorithmus erlauben, Teile des zu betrachtenden Lösungsraumes abzuschneiden, die keine zulässige Lösung enthalten.

Implizite Restriktionen

Um die Anzahl der Variablen so gering wie möglich zu halten, ist es selbstverständlich, dass man nur Warenempfänger in die Modellierung mit einbezieht, die auch tatsächlich einen positiven Bedarf an Produkten haben. Ebenso sollten nur Lieferanten betrachtet werden, deren Produkte für die Distribution benötigt werden. Dies bedeutet jedoch auch, dass jeder Lieferant mindestens einmal zur Warenabholung besucht werden muss, was durch die folgende zusätzliche Restriktion in das Modell eingebaut werden kann.

$$\sum_h \sum_m Y_{m,n}^h \geq 1 \qquad\qquad \forall\, n \in \mathcal{N} \qquad\qquad (4.51)$$

Restriktion (4.51) war schon vorher implizit im Modell vorhanden, da nur durch den Besuch eines Lieferanten dessen Waren am CDZ ankommen konnten. Durch die explizite Ausformulierung werden jedoch die Beziehungen zwischen den Variablen für den Lösungsalgorithmus nutzbar und es können Teile des Suchbaumes vernachlässigt werden. Im Rahmen experimenteller Untersuchung führte diese zusätzliche Restriktion nahezu zu einer Halbierung der Laufzeit.

Eine weitere Information, die aus der Problemstellung offensichtlich hervorgeht, die aber nicht explizit modelliert ist, ist, dass der Bedarf an einem bestimmten Produkt innerhalb einer Planungsperiode immer der Anlieferungsmenge entspricht, da zwischen zwei Planungsperioden keine Restmenge im CDZ verbleiben soll. Dies kann durch Restriktion (4.52) in das Modell eingebunden werden:

$$\sum_h l_n^h = \sum_i d_i^n \qquad\qquad \forall\, n \in \mathcal{N} \qquad\qquad (4.52)$$

Symmetriebrechung in der Modellierung

Symmetrien entstehen dadurch, dass gewisse Bereiche des Suchbaumes äquivalent zueinander sind. Zwar untersucht CPLEX das Optimierungsproblem selbstständig und versucht bestehende Symmetrien zu brechen, wenn diese Symmetrien bereits in der Modellierung abgefangen werden, kann die Laufzeit jedoch weiter verkürzt werden.

Eine Möglichkeit hierfür bietet sich die Festlegung der Touren für die Distribution. Eine Tour ist dadurch gekennzeichnet, dass sie zu einem bestimmten Zeitpunkt das CDZ verlässt, danach in einer festzulegenden Reihenfolge (der Route) verschiedene Filialen besucht, um anschließend zum CDZ zurückzukehren. Ein Transportmittel für die Auslieferung kann mehrere Routen hintereinander fahren.

Beispielsweise kann innerhalb einer zulässigen Lösung der Route R_1 eine Abfahrtszeit t_1 und die Filialreihenfolge F_1, F_2 zugeordnet werden, während der Route R_2 eine Abfahrtszeit t_2 und die Filialreihenfolge F_3, F_4 zugeordnet wird. Vertauscht man nun die Zuordnung und ordnet den Routen R_1 und R_2 jeweils die andere Filialreihenfolge zu, so entsteht eine neue, aber äquivalente Lösung. Die Anzahl möglicher äquivalenter Zuordnungen steigt dabei mit der Fakultät der Anzahl an Routen. Diese Symmetrien können durch die zusätzlichen Restriktionen (4.53) und (4.54) vermieden werden:

$$T_d^k \leq T_d^{k+1} \quad \forall \{k \in \mathcal{K} \mid k \leq |K| - 1\} \tag{4.53}$$

$$\sum_{v=1}^{v'} \sum_{q \in \mathcal{P}O} u_q^{v,k} + X_{d,d}^k \geq \sum_{v=1}^{v'} \sum_{q \in \mathcal{P}O} u_q^{v,k+1} + X_{d,d}^{k+1}$$

$$\forall \{k \in \mathcal{K} \mid k \leq |K| - 1\}, v' \in \mathcal{V} \tag{4.54}$$

Durch diese Restriktionen werden die Abfahrten der Routen zeitlich nach ihrer Indexierung geordnet. Dabei wird die Symmetrie in (4.53) durch eine abhängige reelle Variable gebrochen, während sie in (4.54) zusätzlich durch binäre Entscheidungsvariablen gebrochen wird.

Die gleiche Problematik besteht auch für die Inbound-Routen. Allerdings handelt es sich hier um konkrete Fahrzeuge, die unterschiedliche Kapazitäten haben können. Um eine äquivalente Lösung handelt es sich dabei also nur, wenn die Zuordnungen von Fahrzeugen gleicher Kapazität vertauscht werden können. Zu diesem Zwecke eignet es sich, die Fahrzeuge der Inboundrouten nach aufsteigender Kapazität zu indexieren. Hat man also zum Beispiel a Fahrzeuge der kleinsten Kapazität, so können die Restriktionen für die Brechung der Symmetrie wie folgt aufgestellt werden:

$$T_n^h \leq T_n^{h+1} \quad \forall \{h \in \mathcal{H} \mid h \leq a - 1\} \tag{4.55}$$

$$\sum_{v=1}^{v'} \sum_{p \in \mathcal{P}I} u_n^{v,h} + Y_{d,\bar{d}}^h \geq \sum_{v=1}^{v'} \sum_{p \in \mathcal{P}I} u_n^{v,h+1} + Y_{d,\bar{d}}^{h+1}$$

$$\forall \{h \in \mathcal{H} \mid h \leq a - 1\}, v' \in \mathcal{V} \tag{4.56}$$

Diesmal werden die Ankünfte der Fahrzeuge zeitlich nach ihrer Indexierung sortiert. Wiederum werden in (4.55) reellwertige Variablen und in (4.56) binäre Variablen benutzt, um die Symmetrien zu brechen. Die Brechung der Symmetrie kann nach diesem Schema ebenfalls für alle weiteren Fahrzeugkapazitäten erfolgen.

Einschränkung zulässiger aber suboptimaler Lösungen

Sind während der Modellierung schon gute Kenntnisse über die Struktur des Problems bekannt, können durch zusätzliche Restriktionen auch zulässige, aber offensichtlich suboptimale Lösungen ausgeschlossen werden.

Auf Grund der möglichst allgemeinen Formulierung ist das Modell so konstruiert, dass es grundsätzlich beliebig viele Besuche bei einem Lieferanten pro Planungsperiode zulässt. Je nach Situation und Anwendungsgebiet kann es allerdings sinnvoll sein, nur eine oder zumindest eine begrenzte Anzahl an Anfahrten bei den Lieferanten zuzulassen. Durch das Festsetzen einer maximalen Anzahl an Besuchen für jeden Lieferanten kann wiederum die Rechenzeit reduziert werden. Folgende Restriktion limitiert die Anzahl der Besuche bei einem Lieferanten:

$$\sum_h \sum_m Y^h_{m,n} \leq A^n \qquad\qquad \forall n \in \mathcal{N} \qquad\qquad (4.57)$$

Dabei steht A^n für die maximale Anzahl an Anfahrten des Lieferanten n.

Weiterhin ist generell eine beliebig lange Wartezeit der Fahrzeuge vor den Filialen und bei den Lieferanten zulässig. Da längere Wartezeiten aber in der Regel nicht wünschenswert sind, können maximale Werte für die Wartezeiten festgelegt werden. Dies wirkt sich ähnlich aus wie eine Straffung der Zeitfenster-Restriktionen, da sie den zulässigen Lösungsraum weiter einengen. Mit Restriktionen (4.58) und (4.59) kann eine maximale Wartezeit festgesetzt werden:

$$t_j \leq t^{max}_j \qquad\qquad \forall j \in \mathcal{F} \qquad\qquad (4.58)$$

$$t^h_m \leq t^{max}_m \qquad\qquad \forall m \in \mathcal{N}, h \in \mathcal{H} \qquad\qquad (4.59)$$

Modellierung und Linearisierung von logischen Implikationen

Um logische Implikationen zwischen den Variablen aufzubauen, wird im Rahmen des Modells mehrfach auf sogenannte *Big-M-Koeffizienten* zurückgegriffen. Als Beispiel soll hier die zeitliche Durchführbarkeit eines mehrfachen Einsatzes von Transportmitteln dienen. Die logische Implikation gestaltet sich dabei wie folgt:

Werden zwei Routen k und k' hintereinander gefahren ($\delta_{k,k'} = 1$), so soll dies zeitlich durchführbar sein ($T^{k,an}_d + |v| \geq T^{k'}_d$), was zu folgender Implikation führt:

$$\left(\delta_{k,k'} = 1\right) \Rightarrow \left(T^{k,an}_d + |v| \geq T^{k'}_d\right) \qquad\qquad (4.60)$$

Um diese Folgerung in das Optimierungssystem einzubinden, muss es linearisiert werden, da sonst das Branch-and-Bound-Verfahren versagt. Dies geschieht durch die Benutzung einer großen Zahl M, wie folgt:

$$T^{k,an}_d + |v| - T^{k'}_d \leq M\left(1 - \delta_{k,k'}\right) \qquad\qquad \forall k,k' \in \mathcal{K} \qquad\qquad (4.61)$$

Die Konsequenz einer Big-M Formulierung ist allerdings, dass sie typischerweise eine sehr schlechte LP-Relaxation zur Folge hat (Codato und Fischetti 2003). Daher ist es ratsam, die

Big-M-Koeffizienten stets so niedrig wie möglich anzusetzen. Es muss allerdings weiterhin gewährleistet sein, dass in dem Fall einer Nicht-Begrenzung durch die Binär-Variable die abhängigen Variablen alle zulässigen Werte annehmen können.

4.5 Zusammenfassung und Fazit

Gegenstand diese Kapitels war die Beschreibung eines Verfahrens zur Lösung der in Szenario 1 (Abschnitt 3.5.2) beschriebenen Problemsituation. Das Verfahren soll das Entscheidungsproblem eines 3PL lösen, der für den gesamten Crossdocking-Prozess verantwortlich ist. So muss entschieden werden, wann welche Fahrzeuge vom Depot starten und in welcher Reihenfolge die benötigten Waren von den Lieferanten abgeholt werden. Die Fahrzeuge müssen zeitlich und räumlich auf die Stripdoors des CDZ verteilt werden, sodass auch ein möglichst zügiger Durchfluss der Waren durch das CDZ ermöglicht wird. Nach dem Warenumschlag müssen wiederum für die Fahrzeuge der Distribution Beladungsmengen, Touren und Routen bestimmt werden. Ziel ist die Minimierung der Gesamtkosten.

Die Problemstellung wurde als gemischt-ganzzahliges Optimierungsproblem formuliert. Das Optimierungsproblem wird Crossdocking Scheduling Problem (CDSP) genannt und besteht aus einer Zielfunktion (4.1) und insgesamt 43 Restriktionen ((4.6) - (4.45)). Um die Restriktionen übersichtlich zu beschreiben, wurden sie in 10 Restriktionskategorien unterteilt und detailliert vorgestellt. Darüberhinaus wurden einige Erweiterungsmöglichkeiten erläutert, um bestimmte Anwendungsfälle, wie z. B. die JIT-Produktionsversorgung oder Value Added Services, mit Hilfe des vorgestellten Modell abgebildet werden können.

Zur Lösung des CDSP wurde auf ein Verfahren des Operations Research zurückgegriffen, mittels dessen eine nachweislich optimale Lösung gefunden werden kann: Das Branch-and-Bound Verfahren. Damit die Modellierung eine effiziente Lösung unterstützt, wurden neben dem Verfahrensprinzip und Anpassungsalternativen auch zusätzliche Restriktionen vorgestellt.

Eine Evaluierung des vorgestellten Verfahrens folgt in Kapitel 6. Darin wird das Verfahren hauptsächlich hinsichtlich seiner Laufzeitanforderungen untersucht sowie bezüglich dessen Einsatzfähigkeit in der operativen Planung von CDZ.

Das in diesem Kapitel beschriebene Verfahren ist als zentral-hierarchisches Verfahren im Sinne der in Abschnitt 3.3.1 beschriebenen Begrifflichkeiten zu bezeichnen. Zentral, da es nur eine planende Instanz, den 3PL, gibt und hierarchisch, da dieser 3PL alle getroffenen Entscheidung ohne weitere Verhandlungen an die ausführenden Einheiten weitergibt.

Abschließend lässt sich sagen, dass mit dem CDSP erstmalig eine ganzheitliche, mathematische Formulierung des logistischen Problems „Crossdocking" mit dem Schwerpunkt auf der operativen, kurzfristigen Planung aller Abläufe vorliegt. Die Formulierung ist möglichst flexibel gehalten, sodass das Modell für verschiedene Einsatzgebiete des Crossdockings (vgl. Abschnitt 2.2.3) anwendbar ist.

Es gelten jedoch einige Annahmen und Voraussetzung, die im zu Grunde liegenden Planungsszenario beschrieben wurden. Ohne diese Annahmen und Voraussetzungen ist das vorgestellte Verfahren nur noch bedingt anwendbar. Um dennoch die wirtschaftlichen Vorteile des Crossdockings auch in diesem Planungsfall (dezentrales Szenario) auszunutzen, wird im folgenden Kapitel ein dezentral-heterarchisches Steuerungsverfahren für Crossdocking-Zentren vorgestellt.

5 Ein dezentral-heterarchisches Steuerungsverfahren für Crossdocking-Zentren

Gegenstand dieses Kapitels ist die Entwicklung eines dezentral-heterarchischen Steuerungsverfahrens. Hierfür wird zunächst die Problemstellung des dezentral-heterarchischen Szenarios (Szenario 2, Abschnitt 3.5.2) kurz wiederholt und die Verwendung ökonomischer Koordinationsmechanismen zur Lösung des entstehenden Allokationsproblems motiviert.

Anschließend werden die Grundlagen ökonomischer Koordinationsmechanismen sowie die Verwendung von Auktionen zur Lösung von Allokationsproblemen erörtert. Besondere Aufmerksamkeit erhält das Problem der *Winner Determination (WDP)* in kombinatorischen Auktionen, weil es maßgeblich die Rechenzeitintensität des gewählten Auktionsmechanismus beeinflusst. Nach einem Überblick über den diesbezüglichen Stand in der wissenschaftlichen Literatur, wird der für den weiteren Verlauf der Arbeit elementare *Vickrey-Clarke-Groves-Mechanismus (VCG-Mechanismus)* zur effizienten Allokation beschränkter Ressourcen vorgestellt und seine besonderen Eigenschaften erläutert.

Nach der Darstellung der Grundlagen wird ein Auktionsmechanismus für die dezentrale Steuerung von CDZ beschrieben. Diese Beschreibung umfasst die Erläuterung der Gebotsgenerierung der Auktionsteilnehmer, die Formulierung des Winner Determination Problems und die Bestimmung der zu leistenden Zahlungen.

5.1 Abgrenzung der Problemstellung

Gegeben ist nun das dezentral-heterarchische Planungsszenario (Szenario 2, Abschnitt 3.5). Dies bedeutet, dass ein 3PL für den Betrieb des CDZ beauftragt worden ist. Er ist dafür verantwortlich, dass alle ankommenden Waren zeitnah im CDZ umgeschlagen werden und möglichst direkt auf bereitstehende Lkw verladen werden. Im Gegensatz zur Planungssituation in Kapitel 4 obliegen dem 3PL nicht mehr alle Planungsteilbereiche. Im weiteren Verlauf dieses Kapitels wird davon ausgegangen, dass der 3PL für den internen Warenumschlag (Ressourcenplanung), die Distribution zu den Filialen (Outbound-Tourenplanung) sowie die Koordination der ankommenden Lkw und deren Zuordnung zu Abfertigungstoren (Torbelegungsplanung) verantwortlich ist. Die Tourenplanung der ankommenden Fahrzeuge (Inbound-Tourenplanung) unterliegt dem frachtführenden Logistikdienstleister. Der CDZ-

3PL[1] kann nun nicht mehr die jeweiligen Teilprozesse optimal steuern, die nicht in seinem Einflussbereich liegen, da einerseits die dafür notwendige Informationsverfügbarkeit nicht mehr gegeben ist und andererseits die Entscheidungsgewalt nicht eindeutig bei ihm liegt (vgl. Annahmen, Abschnitt 3.3).

5.1.1 Koordination dezentraler Planungsbereiche mittels Torbelegungsplanung

Für die Planung und Steuerung des gesamten Warenumschlags im Sinne des Supply Chain Managements müssen dezentrale Planungsbereiche miteinander koordiniert werden. Abbildung 5.1 zeigt die dezentralen, getrennten Bereiche des Planungsszenarios.

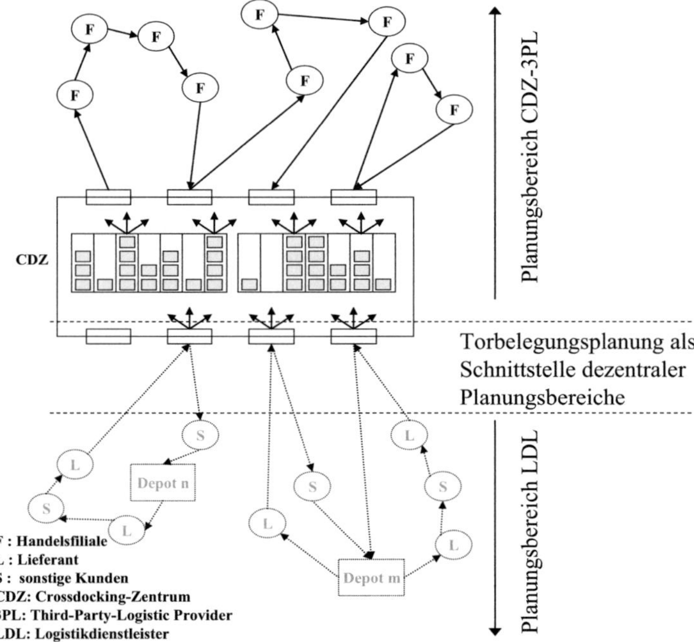

Abbildung 5.1: Veranschaulichung der unterschiedlichen Planungsbereiche im dezentral-heterarchischen Szenario.

Die Torbelegungsplanung kann als Schnittstelle der dezentralen Planungsbereiche fungieren. Unterstellt man keinerlei kooperatives Verhalten der beteiligten Parteien, so bleibt dem CDZ-3PL nur die Option der *unilaterlalen* (einseitigen) Zuordnung:

---

[1]Zur besseren begrifflichen Unterscheidung wird im Folgenden der 3PL der für die Planung und Steuerung des CDZ verantwortlich ist, als CDZ-3PL bezeichnet.

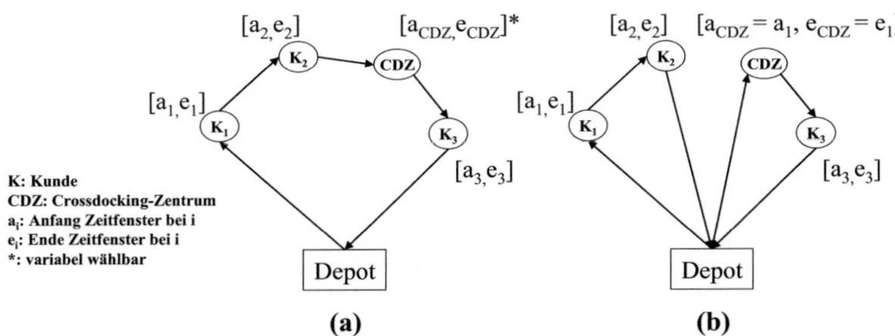

Abbildung 5.2: Einsparpotenzial in der Tourenplanung durch variable Zeitfenster: (a) CDZ kann in eine Tour mit drei anderen Kunden integriert werden. (b) Das Zeitfenster des CDZ kollidiert mit dem Zeitfenster des Kunden 1. Es muss daher eine zweite Tour gefahren werden mit erheblich höheren Kosten (weiterer Lkw und Fahrer).

Der CDZ-3PL plant alle Prozesse in seinem Einflussbereich (interner Warenumschlag, Outbound-Touren), dass für ihn bei gleichzeitiger Einhaltung der Kundenrestriktionen (Zeitfenster) minimale Kosten entstehen. Er geht davon aus, dass alle nötigen Waren zu Begin der Planungsperiode vorhanden sind. Sein Entscheidungsproblem besteht demnach darin, wann er mit dem Umschlagprozess beginnen soll, um alle nachfolgenden Prozesse termin- und kostengerecht zu absolvieren. Dazu kann das in Kapitel 4 vorgestellte Modell der zentralhierarchischen Planung, angepasst um den Teil der Inbound-Tourenplanung, verwendet werden. Resultat dieses Optimierungsproblems sind die Anfangszeiten der Warenumschlagprozesse.

Diese Zeiten können als „Just-In-Time"-Zeitfenster (JIT-Zeitfenster) an jeden LDL der Inbound-Touren weitergegeben werden. JIT deshalb, da eine spätere Anlieferung nicht erlaubt ist. Dies würde die Anlieferrestriktionen der Kunden und somit den gesamten Crossdocking-Prozess gefährden.

Aus der Sicht des CDZ-3PL ist auch eine frühere Anlieferung nicht gewünscht, da dies unnötige Wartezeit der Ware im CDZ und erhöhte Kosten durch mehrfaches Handling verursachen würde.

Kosteneinsparpotenziale durch kooperatives Verhalten

Im Gegensatz zur JIT-Belieferung in der Automobilindustrie stehen die LDL und der CDZ-3PL wie in Szenario 2 beschrieben jedoch in einem kooperativen Verhältnis zueinander. Die entstehenden Kosten durch verfrühte Anlieferung sind nicht so groß, als dass sie nicht durch Kostenersparnisse in der Tourenplanung des anliefernden LDL kompensiert oder gar überkompensiert werden könnten. Als Beispiel betrachte man Abbildung 5.2.

Im Extremfall führen die JIT-Zeitfenster dazu, dass der LDL den Anlieferpunkt „CDZ" nicht mehr in eine Tour integrieren kann, da das Zeitfenster mit einem anderen Kundenzeitfenster der Tour kollidiert. Er ist nun gezwungen, einen zweiten Lkw im Pendelverkehr einzusetzen. Eine Verschiebung des Zeitfensters am CDZ würde ihm ermöglichen, eine Rundtour mit deutlich niedrigeren Kosten zu fahren.

Diese Kostendifferenz könnte der LDL an den CDZ-3PL als Kompensation abgeben (ihn sozusagen „bestechen"), damit dieser ihm erlaubt, früher anzuliefern, denn sogar bei Bezahlung der vollen Kostendifferenz würden dem LDL keine höheren Kosten entstehen. Zeitfenster haben demnach für jeden LDL je nach dessen Auftragslage und Kostenstruktur einen bestimmten Wert. Dieser Wert entspricht Kostendifferenzen in alternativen Tourenplanungen und kann exakt quantifiziert werden. Eine detaillierte Beschreibung der Wertermittlung folgt in Abschnitt 5.3.

Bi- und multilaterale Verhandlungen

Der CDZ-3PL könnte nun beginnen, Ankunftszeitfenster für jeden ankommenden LDL *bilateral* zu verhandeln. Er müsste aber sicherstellen, dass es zu keiner „Überbuchung" innerhalb eines Zeitfensters kommt. Dies ist wichtig, da eine Überbuchung zwangsläufig zu Warteschlangen führen würde. Warteschlangen wiederum erzeugen Wartezeiten, welche zu den Durchlaufzeiten der Lkw-Entladungen hinzukommen. Dies würde schnell die harten Restriktionen der JIT-Zeitfenster gefährden und es unmöglich machen, vereinbarte Abfertigungszeitfenster einzuhalten. Die Folge dessen bestünde wiederum darin, dass die gesamte Tourenplanung der LDL ungültig würde, da alle folgenden Kunden die Wartezeit am CDZ zu spüren bekämen.

Konflikte um gewünschte Zeitfenster kommen aber automatisch vor, wenn zwei LDL gleiche oder überlappende Zeitfenster für ihren jeweils kostengünstigsten Tourenplan benötigen.

Der hierbei entstehende Koordinationsaufwand wäre schnell so groß, dass er aus Sicht des CDZ-3PL nicht mehr lohnenswert erschiene, da die Kosteneinsparpotenziale in erster Linie auf Seite der LDL liegen. Eine Lösung des vorliegenden Koordinationsproblemes durch bilaterale Verhandlungen scheidet demnach aufgrund des hohen Kommunikationsaufwandes und der Komplexität des Problems aus.

Vielmehr müssen bei der Entscheidungsfindung Aspekte und Präferenzen aller Beteiligten simultan berücksichtigt werden. Nur die *multilaterale* Verhandlung ermöglicht eine für alle Beteiligten zufriedenstellende Lösung des Koordinationsproblems. Der im Vergleich zur bilateralen Verhandlung entstehende Kommunikationsaufwand kann durch geeignete Verhandlungsprotokolle geringer gehalten werden. Eine wichtige Anforderung an das Gesamtverfahren wird dennoch sein, einen geringen Kommunikationsaufwand zu erzeugen.

5.1.2 Abstraktion der Problemstellung und Überführung in ein Allokationsproblem

Eine unilaterale Zuordnung der Zeitfenster durch den CDZ-3PL scheidet aus, da dies am unwahrscheinlichsten zu einer zufriedenstellenden Lösung führt. Bilaterale Verhandlungen verbessern zwar die Lösungsqualität, geht man jedoch über eine einfache *FCFS*-Zuordnung

(First-Come-First-Served) hinaus, verhindert der Kommunikationsaufwand eine zufriedenstellende Lösungsfindung.

Gesucht sind also Verfahren oder Mechanismen, welche die Koordination dezentraler Planungsergebnisse unterstützen und dabei die Präferenzen (Wert eines Zeitfenster) aller Beteiligten berücksichtigen (multilaterale Verhandlung). Gleichzeitig muss eine Allokation der Zeitfenster an den Abfertigungstoren vorgenommen werden, die einerseits den Gesamtprozess unterstützt (harte Restriktionen werden eingehalten) und andererseits alle Beteiligten wirtschaftlich besser stellt als die unilaterale Zuordnung durch den CDZ-3PL.

In der wissenschaftlichen Literatur des Operations Research wurden in den letzten Jahren insbesondere Methoden der ökonomischen Koordinationsmechanismen bzw. der Auktionstheorie[2], einem Zweig der mathematischen Spieltheorie, verwendet, um Ressourcenallokations- bzw. Schedulingprobleme adäquat zu lösen. Insbesondere im Umfeld von multilateralen Verhandlungen, also Verhandlungen, an denen heterarchische Parteien beteiligt sind, haben sich Auktionsmechanismen als besonders erfolgreich zur effizienten[3] Lösung solcher Allokationsprobleme erwiesen.

Bevor jedoch Erkenntnisse der Auktionstheorie zur Anwendung kommen können, muss das vorliegende Entscheidungsproblem zunächst in ein Allokationsproblem überführt werden:

Die ankommenden Lkw müssen an den Abfertigungstoren entladen[4] werden. Dort konkurrieren sie um Zeitfenster an den Abfertigungstoren. Dies entspricht einem Maschinenbelegungsproblem (JSP), bei dem Aufträge (Jobs) um die Allokation von Ressourcen einer oder mehrerer Maschinen konkurrieren (vgl. Abschnitt 3.2.2). Die Ressourcen sind in diesem Fall Zeitintervalle an den Abfertigungstoren. Gleichzeitig messen die Jobs unterschiedlichen Zeitintervallen unterschiedliche Werte zu. Ebenso konkurrieren sie nicht zwangsläufig um die gleiche Menge an Zeitintervallen sondern um die veranschlagte Prozessdauer (Dauer der Entladung).

Nach Neumann und Morlock (2002) lässt sich ein Problem der Maschinenbelegungsplanung grundsätzlich folgendermaßen charakterisieren:

Gegeben sei eine Menge an Prozessen oder Jobs $\mathcal{J}$. Jeder Prozess oder Job j wird genau einmal gestartet und wenn er einmal gestartet wurde, kann er nicht mehr unterbrochen werden *(non-preemptive jobs)*. Es können gleichzeitig maximal so viele Jobs gestartet werden, wie Maschinen (=Abfertigungstore $|\mathcal{P}\mathit{I}|$) zur Verfügung stehen. Jeder Job j kann charakterisiert werden durch einen frühesten Beginnzeitpunkt *(release date)* rel_j, einem spätesten Fertigstellungszeitpunkt *(due date =* JIT-Zeitfenster*)* due_j, sowie einer Dauer *(processing time)* $proc_j$. Gleichzeitig können verschiedene Jobs mittels des Gewichtungsfaktors w_j unterschiedlich gewichtet werden. Dieser hat in erster Linie Einfluss auf die Art der Zielfunktion, je nach dem, ob Zeiten oder Kosten optimiert werden sollen. Im Falle der Torbelegungspla-

---

[2]Die beiden Begriffe sind nicht klar von einander zu trennen. Die meisten Autoren verwenden die Begriffe synonym.

[3]Auf die besondere Bedeutung des Begriffs der „effizienten Lösung" im Gegensatz zur „optimalen Lösung" eines Allokationsproblems wird später vertieft eingegangen.

[4]Im Folgenden wird nur von der Entladung gesprochen. Im Verlauf dieses Kapitels wird deutlich, dass man ebenso die Beladung an den Stackdoors miteinbeziehen kann. Dies macht die Notation komplexer, ändert jedoch nur wenig am Verfahren selbst.

Maschinenbelegung	⇔	Torbelegung
Maschinen	⇔	Abfertigungstore
Jobs	⇔	Entladung von Lkw
Bearbeitungsdauer	⇔	Dauer der Entladung
Bereitstellungstermin	⇔	Ankunft des Lkw am CDZ
Fälligkeitstermin	⇔	Ende des JIT-Zeitfensers
Gewicht	⇔	Wert eines Zeitfensters

Tabelle 5.1: Gegenüberstellung der Begriffsanalogien aus der Maschinenbelegungsplanung und der Torbelegungsplanung.

nung findet man diese Gewichtung wieder, allerdings nicht als Gewichtung der Jobs (Entladungen), sondern als Wertigkeiten der Zeitfenster.

Tabelle 5.1 stellt die analog verwendeten Begrifflichkeiten gegenüber.

Interpretiert man das Torbelegungsplanungsproblem wie beschrieben als JSP oder allgemein gesprochen als Allokationsproblem, eröffnen sich neue Möglichkeiten der dezentralen Lösungsfindung mittels Auktionsmechanismen.

Hierfür bietet die Literatur einige Beispiele erfolgreicher Anwendungen ökonomischer Koordinationsmechanismen auf logistische Probleme des Operations Research:

Gomber et al. (1997 und 2000) untersuchen in ihren Veröffentlichungen den Einsatz ökonomischer Koordinationsmechanismen zur dezentralen Transportplanung. Es wird der Einsatz dezentraler Planungsverfahren vorgeschlagen, da bei der Lösung von Planungsproblemen häufig mehrere Organisationseinheiten beteiligt sind. Diese reichen vom einzelnen Frachtführer über Speditionen mit ggf. verschiedenen Niederlassungen bis hin zu Konzernspeditionen oder anderen Formen von Unternehmenszusammenschlüssen mehrerer Transportdienstleister. Vorgestellt wird ein *Multi-Agenten-System (MAS)*, um eine effiziente Allokation von Transportkapazitäten zu ermöglichen.

Weinhardt und Schmalz (1998) haben in ihrem Beitrag die Frage analysiert, ob in der Tourenplanung ein MAS eine geeignete Alternative zu zentralen Ansätzen darstellt. Am Beispiel des Multi-Depot-Tourenplanungsproblems wird die Agentenarchitektur ADAMKO vorgestellt. Im betrachteten Szenario repräsentieren Agenten die Depots, auf die die Transportaufträge zugeteilt werden müssen. Für die lokale Planung wird ein Clarke-and-Wright-Algorithmus („Savings-Verfahren" (Clarke und Wright 1964)) verwendet. Zur Koordination wird eine Höchstpreis-Auktion (vgl. 5.2.2) eingesetzt. Ein nachgeschalteter, zusätzlicher, marktlicher Mechanismus ermöglicht es den Agenten, nach Auktionsende Aufträge an andere Agenten weiterzuverkaufen, um so die Allokation von Transportkapazitäten aus globaler Sicht zu verbessern. Die Ergebnisse werden mit denen zweier zentraler Verfahren verglichen, die mit Metaheuristiken arbeiten. Der Vergleich basiert auf Testdatensätzen aus der Literatur und zeigt die Leistungsfähigkeit, sowie die Vorteile des dezentralen Ansatzes auf.

Einer ähnlichen Fragestellung gehen Gorodetski et al. (2003) nach. Sie stellen einen auktionsbasierten Algorithmus zur Touren- und Routenplanung vor und vergleichen ihre Ergebnisse mit Benchmarks für das VRPTW. Sie stellen fest, dass Auktionen erfolgreich dazu beitragen können, Allokations- und Reihenfolgeprobleme dezentral zu lösen. Festzuhalten ist, dass mit ihrem Verfahren keine (mathematisch) optimale Lösung erreicht werden kann.

Pankratz und Kopfer (1998) stellen in ihrem Beitrag das „Groupage-Problem" kooperierender LDL vor, das darin besteht, die sukzessive und unregelmäßg eintreffenden Transportaufträuge einer Speditionskooperation möglichst günstig den freien Kapazitäten der Kooperationsteilnehmer zuzuordnen. Sie stellen fest, dass erst ein unternehmensübergreifender Abgleich zwischen den verfügbaren und benötigten Kapazitäten kooperierender Transportunternehmen eine deutliche Auslastungssteigerung der Produktionsfaktoren bringt.

Das Problem wird in Pankratz und Kopfer (1999) aufgegriffen und der Einsatz kombinatorischer Auktionen (vgl. Abschnitt 5.2.3) zur Lösung propagiert. Es wird ein Algorithmus zur Gewinnerermittlung in kombinatorischen Auktionen vorgestellt, der sich für die Agentenkoordination in transportwirtschaftlichen Szenarien wie z.B. in Speditionskooperationen, eignet. Das Lösungsverhalten des Algorithmus wird anhand zufällig erzeugter Testdatensätze evaluiert und die Vorteilhaftigkeit demonstriert.

Pankratz (2003) erweitert diesen Ansatz nochmals, um auch solche Planungsszenarien abzubilden, in denen Agenten Transportaufträge nicht nur akquirieren wollen, sondern diese auch gleichzeitig selbst anbieten. Diese *zweiseitigen Auktionen* erlauben die Nutzung von Komplementaritäten auf beiden Marktseiten. Der Beitrag beschreibt eine solche zweiseitige kombinatorische Auktion für einen elektronischen Transportmarkt und diskutiert die kombinatorische Komplexität sowie das Problem der Bestimmung fairer und ausgeglichener Zahlungen als zentrale Probleme des Einsatzes zweiseiter kombinatorischer Auktionen.

Conen (2003) untersucht in seiner Arbeit allgemein die Verwendung ökonomischer Koordinationsmechanismen zur kombinatorischen Ressourcenallokation. Er entwickelt ein iteratives Auktionsverfahren, das am Beispiel der Maschinenbelegungsplanung demonstriert wird. Das Verfahren wurde vor dem Hintergrund der Produktionssteuerung mittels MAS erstellt.

Die zitierten Beispiele zeigen, dass sich ökonomische Koordinationsmechanismen eignen, um logistische Problemstellungen, insbesondere unter dem Aspekt der Kooperation, zu lösen. Bevor der eigentliche Auktionsmechanismus für das vorliegende Allokationsproblem beschrieben wird, wird zunächst auf Grundlagen einfacher und kombinatorischer Auktionen eingegangen.

5.2 Ökonomische Koordinationsmechanismen - Auktionen

McAfee und McMillan (1987) beschreiben Auktionen als marktliche Einrichtung, die mit einem expliziten Satz an Regeln Ressourcen allozieren. Zu einer Auktion gehört weiterhin, dass Preise auf Basis der abgegebenen Gebote der Marktteilnehmer determiniert werden. Auktionsmechanismen gelten allgemein als zeit- und kostensparend, da sie umfangreiche bilaterale Verhandlungen ersetzen und gleichzeitig Entscheidungsprozesse den Teilnehmern gegenüber transparenter machen (Bichler 2003). Walsh (2001) stellt zusammenfassend fest, dass Auktionen „strukturierte Verhandlungsprozesse" sind, deren Vorteile in ihrer Skalierbarkeit und Offenheit gegenüber neuen Teilnehmern liegen.

Die Auktionstheorie ist ein Zweig der mathematischen Spieltheorie. Viele der Arbeiten zu Gleichgewichtsbedingungen und dominanten Strategien in Auktionen kommen aus diesem Bereich. Nach Beckmann (1999) ist eine Auktion von einem spieltheoretischen Standpunkt aus ein zweistufiges Spiel. Teilnehmer sind die an dem zu auktionierenden Gut interessierten Bieter oder Agenten[5], sowie der Auktionator als Ausrichter der Auktion.

1. Stufe: Der Auktionator legt die Regeln für den Ablauf der Auktion fest. Dazu gehören

1. das verwendete Auktionsprotokoll (die „Sprache" der Auktion)
2. die Allokationsregel, welche festlegt, wie die Allokation der Güter bestimmt wird
3. die Zahlungsregel, welche die zu zahlenden Beträge der Bieter bestimmt

2. Stufe: Die Bieter ermitteln ihre Gebote und geben diese an den Auktionator entsprechend des Auktionsprotokolls ab. Ziel ist es, mittels dieser Gebote die gewünschten Güter zu erlangen.

Es wird im Allgemeinen davon ausgegangen, dass sich die an der Auktion beteiligenden Agenten rational verhalten, d.h. dass sie versuchen, ihren eigenen Nutzen zu maximieren. Außerdem wird unterstellt, dass die Teilnehmer einer Auktion strategisch handeln. Dies schließt das Streben ein, ihren Profit durch Verwendung von Informationen anderer Teilnehmer zu steigern. Demnach werden die Teilnehmer Informationen zurückhalten oder gar vorsätzlich falsche Informationen weitergeben, sollte sich dies aufgrund der Auktionsregeln als profitabel erweisen.

Weiterhin besitzen alle Agenten *Nutzenfunktionen* für die zu allozierenden Güter. In diesen sind individuelle Präferenzen für verschiedene Güter abgebildet. Dies bedeutet gleichzeitig, dass einerseits die Agenten den Gütern einen Wert beimessen und andererseits, dass der Nutzen eines Gutes für einen Agenten durch monetäre Größen transferiert oder ausgeglichen werden kann.

Je nach Nutzenfunktionen der Agenten wird dabei unterschieden, ob die Auktion ein *Private Value Model (PVM)* oder ein *Common Value Model (CVM)* unterstellt.

Private Value Model Im PVM besitzt jeder Bieter eine individuelle Nutzenfunktion für das Gut oder die Güter, kein Teilnehmer kennt die Nutzenfunktionen der anderen. Verhalten sich alle Teilnehmer rational, gewinnt der Bieter die Auktion mit dem höchsten Gebot, also dem höchsten persönlichen Nutzen.

Common Value Model Im Gegensatz zum PVM, besitzen Güter im CVM eine gemeinsame Nutzenfunktion, die für alle Agenten gleich ist. Eine unterschiedliche Bewertung eines Gutes ergibt sich jedoch dadurch, dass diese Nutzenfunktion nicht vollständig jedem Teilnehmer bekannt ist. Es wird angenommen, dass jeder Bieter nur partielles Wissen über den „Common Value" eines Gutes hat. Diese Auktion gewinnt demnach nicht derjenige mit der größten Wertschätzung des Gutes, sondern mit der höchsten

---

[5]Da ein Großteil der auktionstheoretischen Arbeiten sich in erster Linie mit MAS beschäftigen, werden die Bieter oder Auktionsteilnehmer oft auch kurz als „Agenten" bezeichnet.

„Schätzung des Wertes" des Gutes. Dies kann dazu führen, dass ein Bieter den Wert eines Gutes überschätzt und der Gewinn der Auktion ihn wirtschaftlich schlechter stellt. Diesen Umstand bezeichnet man als „Fluch des Gewinners" *(Winner's Curse)*.

Für die Bewertung der Zeitfenster an den Abfertigungstoren des CDZ wird im Folgenden ein Private Value Model unterstellt, da der Nutzen eines Zeitfensters individuell von den Kosten- und Aufragsstrukturen der Bieter abhängt. Hinzu kommt, dass die nutzenbestimmenden Faktoren „Kosten" und „Auftragsstruktur" geschäftssensitive Daten sind und jeder Auktionsteilnehmer wird bestrebt sein, diese Informationen geheim zu halten.

5.2.1 Anforderungen

Damit ein Auktionsmechanismus eine effiziente Lösung für Allokationsprobleme findet, muss er bestimmten Anforderungen gerecht werden. Die Literatur liefert hierfür zahlreiche Beispiele, von denen einige für den weiteren Verlauf dieser Arbeit wichtig sind. Diese betreffen die Erreichung einer *effizienten Allokation*, die Sicherstellung der *Anreizkompatibilität*, die Fähigkeit, in vernünftiger Zeit zu einem Ergebnis zu kommen *(Tractability)*, sowie den benötigten *Kommunikationsaufwand und Informationsbedarf*.

Effizienz der Allokation

Prinzipiell lassen sich Auktionsmechanismen dahingehend unterscheiden, ob sie die Auszahlung eines Auktionsteilnehmers, dies ist i. d. R. der Auktionator, maximieren sollen oder ob sie darauf abzielen, die Summe der Nutzen u_j aller Teilnehmer zu maximieren (Kalagnanam und Parkes 2004). Den summierten Nutzen aller Beteiligten bezeichnet man als „Gesamtwohlfahrt"; eine „gesamtwohlfahrtsmaximierende" Allokation wird „effizient" genannt.

Definition 5.1 (Effiziente Lösung). Als **effiziente Lösung** wird eine Allokationslösung x bezeichnet, die die Gesamtwohlfahrt, ausgedrückt als Summe aller Einzelnutzen $\sum_j u_j$, maximiert.

Da im Rahmen der Torbelegungsplanung an CDZ nicht die Auszahlung eines einzelnen Beteiligten (auch nicht die des CDZ-3PL) maximiert werden soll, sondern eine „faire" Allokation der Zeitfenster unter den konkurrierenden LDL angestrebt wird, ist demnach die Sicherstellung der Effizienz der Allokation von größter Bedeutung.

Man spricht in diesem Zusammenhang auch von „Pareto-Effizienz". Conen (2003) bietet eine Definition, an die sich in dieser Arbeit angeschlossen wird:

Definition 5.2 (Pareto-effiziente Lösung). Als **pareto-effiziente Lösung** wird eine Allokationslösung x dann bezeichnet, wenn es keine andere Lösung y gibt, durch die zumindest ein Auktionsteilnehmer besser gestellt wird und gleichzeitig kein anderer Teilnehmer sich gegenüber x verschlechtert.

Anreizkompatibilität

Offensichtlich kann die Effizienz einer Allokation nur sichergestellt werden, wenn alle Beteiligten ihre wahren Bewertungen der zu versteigernden Güter abgeben. Rationale Bieter verhalten sich opportun, d.h. wenn eine unwahre Äußerung ihrer Nutzenfunktionen Vorteil bringt, werden sie dies tun.

Ein Auktionsmechanismus muss daher einen Anreiz schaffen wahre Informationen zu übermitteln, d.h. Gebote entsprechend der Nutzenfunktionen abzugeben. Dies kann erreicht werden, indem der Mechanismus so ausgelegt wird, dass wahrheitsgemäßes Bieten eine „dominante Strategie" darstellt, also immer die beste Strategie ist, unabhängig vom Verhalten der anderen Teilnehmer (Krishna (2002) und Kalagnanam und Parkes (2004)). Anders ausgedrückt: unwahrheitsgemäßes Bieten stellt den Teilnehmer nie besser als wahrheitsgemäßes Bieten. Besitzt ein Auktionsmechanismus diese Eigenschaft, so wird er als „anreizkompatibel" bezeichnet. Spekulationen über das Verhalten oder die Nutzenfunktionen anderer Teilnehmer werden somit unnötig (Brandt 2001).

Eng verbunden mit der Anreizkompatibilität eines Mechanismus ist die Eigenschaft der „individuellen Rationalität". Wenn sich ein Bieter durch die Teilnahme an einer Auktion im Vergleich zur Nichtteilnahme nicht verschlechtert, so bezeichnet man die Teilnahme als individuell rational, da er „nichts zu verlieren hat". Der gesamte Mechanismus ist individuell-rational, wenn dieser Umstand für alle Beteiligten gilt (Krishna (2002) und Conen (2003)).

In der Praxis gestaltet sich die Sicherstellung der individuellen Rationalität allerdings variabel, da es notwendig ist, einen Vergleichspunkt festzulegen, auf den die „Besserstellung" durch die Auktion bezogen ist. Meistens wird als Vergleichspunkt die schlechteste Alternative gewählt, gegenüber der man sich verbessern möchte. Hierauf wird bei der Beschreibung der Gebotsermittlung in Abschnitt 5.3 gesondert eingegangen.

Tractability

Ein Mechanismus wird als „tractable"[6] bezeichnet, wenn die Teilnehmer in akzeptabler Zeit ihre Gebote bestimmen können und darauf folgend der Auktionator in vernünftiger Zeit eine effiziente Allokation bestimmen kann. Probleme mit der *Tractability* treten bei einfachen Auktionsmechanismen kaum auf. Jedoch führt das *Winner Determination Problem* (Abschnitt 5.2.4) in kombinatorischen Auktionen schnell zu Rechenzeitproblemen bei der Allokationsfindung. Da es sich bei der Torbelegungsplanung um ein operatives Problem handelt, also häufig neue Allokationen bestimmt werden müssen, ist eine geringe Rechenzeit zwingende Voraussetzung und somit eine direkte Anforderung an den Mechanismus.

---

[6]Der Begriff „tractable" wird häufig im Zusammenhang mit Problemen des Operations Research verwendet. Damit wird ausgedrückt, ob ein Algorithmus in „vernünftiger" Zeit terminieren wird. Trotz des häufigen Gebrauchs in der Literatur gibt es keine einheitliche griffige Übersetzung, so dass alle Autoren den englischen Begriff „eindeutschen".

Kommunikationsaufwand und Informationsbedarf

Generell sollte der Kommunikationsaufwand, also die Menge der ausgetauschten Informationen, so gering wie möglich gehalten werden. Zwar hat die Entwicklung elektronischer Kommunikationsformen stark zur Reduktion der Kommunikationskosten beigetragen, dennoch ist für eine erfolgreiche Implementierung wichtig, dass so wenig Informationen wie möglich ausgetauscht werden müssen.

Dies ist zum einen deshalb wichtig, weil es sich um geschäftssensitive Daten der beteiligten Akteure handelt (Kostenstrukturen, Kundendaten) und zum anderen, weil niedriger Informationsbedarf die Hürde zur Automation geringer werden lässt. Da das Verfahren automatisiert implementiert werden soll, um den Planungs- und Steuerungsaufwand der menschlichen Disponenten zu verringern, ist der niedrige Informationsbedarf von besonderer Bedeutung.

5.2.2 Einfache Auktionen

Auktionsmechanismen können nach diversen Unterscheidungskriterien differenziert werden. Insgesamt existieren in der wissenschaftlichen Literatur sechs Hauptkriterien, die immer wieder dazu verwendet werden Auktionsmechanismen zu charakterisieren.

Dazu zählt in erster Linie die *Anzahl der zu versteigernden Güter*. In diesem Abschnitt werden zunächst einfache Auktionsmechanismen vorgestellt, also Auktionen, die dazu dienen, ein einzelnes Gut pro Auktion zu allozieren.

Alle weiteren Unterscheidungskriterien gelten auch für die in Abschnitt 5.2.3 diskutierten kombinatorischen Auktionen. Für das bessere Verständnis werden die Unterscheidungsmerkmale an dieser Stelle jedoch für den Fall einfacher Auktionen erläutert.

Die allgemein verwendeten Kriterien unterscheiden Auktionsmechanismen dahingehend, ob sie *ein- oder mehrstufig* ablaufen, ggf. die Preissteigerung *auf- oder absteigend* ist, die Gebotsabgabe *offen oder geschlossen* ist und ob es sich um eine *Höchstpreis- oder Zweitpreis*-Auktion handelt. Weiterhin kann danach differenziert werden, ob eine Auktion *ein- oder zweiseitig* ist. Zweiseitige Auktionen *(Double Auctions)* sind dadurch gekennzeichnet, dass es mehrere Verkäufer gibt. Im Gegensatz dazu haben einseitige Auktionen nur einen Verkäufer, den Auktionator.

Es haben sich sowohl in der Auktionstheorie als auch in der Praxis vier grundlegende Auktionsformen etabliert (McAfee und McMillan 1987), an deren Beispiel die Unterscheidungskriterien im Folgenden erläutert werden:

Englische Auktion

In einer Englischen Auktion erhöhen die Teilnehmer abwechselnd ihre Gebote um ein fest definiertes Inkrement, d. h. um eine definierte Menge an Geldeinheiten *(Ascending Auction)*. Dies bedeutet, dass jeder Agent mehr als ein Gebot abgeben kann. Die Auktion ist beendet, sobald kein Bieter mehr bereit ist, sein Gebot weiter zu erhöhen. Das Auktionsgut geht an den Agenten mit dem höchsten Gebot.

Der Auktionator kann vor dem Start der Auktion auch einen „Reservierungspreis" festsetzen, der als niedrigstes akzeptiertes Gebot gilt. Finden sich keine Gebote über dem Reservierungspreis bleibt das Gut beim Auktionator.

Walsh (2001) konnte zeigen, dass es eine dominante Strategie in Englischen Auktionen ist, solange mitzubieten, bis die eigene private Wertschätzung des Gutes erreicht ist. Wenden alle Bieter diese Strategie an, dann wird das Auktionsobjekt zu einem Preis alloziert, das der zweithöchsten Wertschätzung plus dem Steigerungsinkrement entspricht.

Die Englische Auktion ist somit eine mehrstufige, aufsteigende, offene Zweitpreis-Auktion. Ist das Inkrement, das auf den Zweitpreis noch addiert werden muss sehr klein gewählt, so kann es in der Berechnung der Preise vernachlässigt werden. Klassische Anwendungsgebiete sind Kunst- und Antiquitätenauktionen. Der Name „englische Auktion" für dieses Verfahren ist daraus entstanden, dass zuerst große englische Auktionshäuser dieses Auktionsverfahren angewendet haben.

Holländische Auktion

Der Hauptunterschied der Holländischen gegenüber der Englischen Auktion liegt darin, dass die Holländische Auktion eine absteigende Auktion ist *(Descending Auction)*. Der Auktionator legt einen hohen Startpreis fest und verringert diesen Preis in jeder Runde um ein definiertes Inkrement. Dies geschieht solange, bis entweder ein vorher festgelegter Reservierungspreis erreicht wird (dann bleibt das Gut wiederum beim Auktionator) oder bis einer der Auktionsteilnehmer das aktuelle Gebot akzeptiert.

Es handelt sich um eine mehrstufige Auktion, da jede Preisreduktion eine weitere Auktionsrunde einleitet. In jeder Runde haben die Agenten erneut die Möglichkeit ihr bisheriges Gebot - auch wenn dieses Null war - zu überdenken.

Per Definition ist die Auktion offen, da die Auktionsteilnehmer die Gebote der anderen Teilnehmer einsehen können (wenn diese bspw. die Hand heben). In diesem speziellen Fall macht dies aber keinen Unterschied zu einer geschlossenen Auktion, da die Auktion sofort nach Abgabe des ersten Gebotes beendet ist.

Ein Nachteil der holländischen Auktion ist, dass sie nicht gegen Gebotsabsprachen der Auktionsteilnehmer gesichert ist *(Collusion)*. Das Sammeln von Informationen über die Gebote der anderen Teilnehmer ist eine optimale Strategie, da ein Bieter dann sein Gebot entsprechend anpassen kann, solange es unter seiner eigenen Wertschätzung für das Gut ist.

Die Holländische Auktion wird häufig dann eingesetzt, wenn es darum geht, viele Güter schnell zu allozieren, bspw. wenn es sich um verderbliche Ware handelt. Die Auktionsform hat ihren Namen von holländischen Märkten, wo insbesondere Blumen und Käse auf diese Weise verkauft werden.

Einstufige, geschlossene Höchstpreis-Auktion

In einer klassischen einstufigen, geschlossenen Höchstpreis-Auktion *(First-price sealed-bid Auction)* geben alle Auktionsteilnehmer ein einziges geschlossenes Gebot ab. Dies muss im Rahmen der „Zuschlagfrist" geschehen, die vom Auktionator zu Beginn der Auktion festgelegt werden muss. Der Bieter, der das höchste Gebot abgegeben hat, gewinnt die Auktion und bezahlt den Preis seines Gebotes.

Auch hier besteht die Gefahr der Gebotsabsprache. Kennt ein Bieter die Gebote der anderen Teilnehmer, kann er sein Gebot darauf abstimmen. Demnach kann weder in der Holländischen noch in der Höchstpreis Auktion die Anreizkompatibilität gewährleistet werden.

Man spricht ebenso von Höchstpreis-Auktionen wenn es viele Verkäufer und einen Käufer gibt, also derjenige gewinnt, der den niedrigsten Preis anbietet *(Reverse Auctions)*. Dies macht deswegen keinen Unterschied, da man den Preis, den ein Agent bereit ist zu bezahlen, auch als negativen Gewinn eines Agenten interpretieren kann. Die Auktion gewinnt das Gebot mit dem höchsten negativen Gewinn.

Insbesondere bei der Ausschreibung öffentlicher Bauprojekte oder anderer öffentlicher Aufträge kommt die einstufige, geschlossene Höchstpreis-Auktion oft zum Einsatz.

Im täglichen Leben begegnet einem diese Auktionsform ebenfalls sehr häufig. Wenn man sich Angebote über ein bestimmtes Produkt bei verschiedenen Händlern einholt und dann das mit dem niedrigsten Preis wählt, hat man eine einstufige, geschlossen Höchstpreis-Auktion ausgerichtet.

Vickrey-Auktion

Die Vickrey-Auktion ist eine einstufige, geschlossene Zweitpreis-Auktion *(Second-price sealed-bid Auction)*. Der Mechanismus ist gleich der Höchstpreis-Auktion, lediglich in der Preisberechnung unterscheidet sich die Vickrey-Auktion. Den Zuschlag erhält hier zwar auch der Bieter mit dem höchsten Gebot, jedoch zum Preis des zweithöchsten Gebots, der sogenannten „Vickrey-Zahlung" (Vickrey 1961).

Benannt ist diese Auktionsform nach dem Nobelpreisträger für Ökonomie William Vickrey, der die ersten umfassenden theoretischen Untersuchungen dieses Auktionstyps durchgeführt hat. Nach dem „Vickrey-Prinzip" entscheidet demnach nicht die Höhe eines Gebots über den zu bezahlenden Preis, es dient lediglich dazu zu entscheiden, wer das Gut erhält.

Daher riskiert ein Auktionsteilnehmer, der unter seiner eigenen Wertschätzung liegt, den Zuschlag nicht zu erhalten, während ein Teilnehmer, der höher als seine eigene Wertschätzung bietet riskiert zu viel für das Gut zu bezahlen (Winner's Curse, Gomber et al. (1999).

Es konnte für die Vickrey-Auktion bewiesen werden, dass wahrheitsgemäßes Bieten eine dominante Strategie ist (Vickrey 1961). Die Vickrey-Auktion ist demnach anreizkompatibel. Conen (2003) hat in seiner Arbeit darüber hinaus gezeigt, dass alle Auktionen, die Vickrey-Zahlungen implementieren, anreizkompatibel sind.

Die wohl bekannteste Implementierung einer einfachen Vickrey-Auktion ist heutzutage synonym geworden mit dem Begiff „Auktion": eBay.

Die wenigsten sind sich bewusst, dass es sich bei der erfolgreichsten Auktionsplattform im Internet[7] um eine Zweitpreis-Auktion handelt. Um die Benutzerfreundlichkeit der Plattform zu erhöhen, setzt eBay einen „Biet-Agenten" ein. Diesem Software-Agenten teilt man sein Maximalgebot mit (seine wahre Wertschätzung), sodass dieser automatisch auf das ge-

---

[7] `www.ebay.de`

wünschte Gut immer genau so viel bietet wie nötig ist, um die Auktion zu gewinnen (*Proxy Bids* und *Proxy Agents* (Parkes 2005)). Dies ist immer gleich dem Gebot des zweithöchsten Bieters plus ein definiertes Inkrement.

eBay setzt jeder Auktion ein Zeitlimit, nach dessen Ablauf der Gewinner der Auktion feststeht. Dies verleitet Bieter dazu, Gebote in buchstäblich letzter Sekunde abzugeben, um eine mögliche Gebotserhöhung durch einen anderen Bieter zu verhindern. Dieses Auktionsverhalten wird „Sniping" genannt. Roth und Ockenfels (2002) haben eine empirische Untersuchung zu Möglichkeiten der Auktionsbeendigung durchgeführt. Dabei haben sie für zeitlich begrenzte Auktionen wie im Falle eBay das Phänomen des Sniping untersucht. Sie haben Sniping als gute Strategie gegen unerfahrene Bieter identifiziert. Unerfahrene Bieter verhalten sich bei der Zweitpreis-Auktion wie in einer Englischen Auktion und erhöhen ihre Gebote inkremental um einen vermeintlich günstigeren Kaufpreis zu erzielen. Dies führt unter unerfahrenen Bietern zu „Preiskriegen". In diesen Preiskriegen gewinnt aber in der Regel nur der Auktionator, da der Winner's Curse meist zu höheren Endpreisen führt (Bajari und Hortaçsu 2003).

Tabelle 5.2 zeigt abschließend eine Gegenüberstellung der vorgestellten einfachen Auktionen. Festzuhalten bleibt, dass bei wahrheitsgemäßem, nicht-strategischem Bieten und der Annahme, dass keine Gebotsabsprachen vorliegen, alle Auktionen den gleichen Gewinner ermitteln. In der Englischen und der Vickrey-Auktion fallen sogar die zu zahlenden Preise gleich aus.

	Englische Auktion	Holländische Auktion	Höchstpreis Auktion	Vickrey Auktion
Ablauf	mehrstufig	mehrstufig	einstufig	einstufig
Gebotsverlauf	ansteigend	absteigend	-	-
Gebotsabgabe	offen	offen	geschlossen	geschlossen
Preisbestimmung	Zweitpreis	Höchstpreis	Höchstpreis	Zweitpreis
Anreizkompatibel	Ja	Nein	Nein	Ja
Collusionsicher	Ja	Nein	Nein	Ja

Tabelle 5.2: Gegenüberstellung einfacher Auktionsmechanismen und ihren Eigenschaften.

5.2.3 Kombinatorische Auktionen

Auktionsmechanismen können prinzipiell dahingehend unterschieden werden, ob sie pro Auktion ein einzelnes oder mehrere Güter allozieren sollen. Dies macht insbesondere dann Sinn, wenn die Auktionsteilnehmer additive Nutzen für Güterbündel besitzen. Diese können super- oder subadditiv sein. Die Bieter können also auf einzelne Güter oder auf Güterbündel bieten und diesen unterschiedliche Werte zuordnen, entsprechend ihren Nutzenfunktionen.

Die Autoren de Vries und Vohra (2003, S. 248) illustrieren den Vorteil kombinatorischer Auktionen mit folgendem Beispiel: Es wird angenommen, dass eine komplette Esszimmereinrichtung, bestehend aus Tisch und vier Stühlen, zum Verkauf steht. Der Auktionator muss nun entscheiden, ob er das ganze Set versteigert oder jedes Gut in insgesamt fünf einzelnen

Auktionen. Es ist leicht ersichtlich, dass auch alle Konstellationen dazwischen versteigert werden können, wenn man den Bietern die Möglichkeit gibt, auf Kombinationen aus Tisch und Stühlen zu bieten. Dadurch lässt sich die Effizienz des Mechanismus steigern. Ein Bieter ist eventuell bereit, mehr für 3 einzelne Stühle zu bezahlen als ein anderer für das ganze Set, während ein oder zwei Stühle gar keinen oder nur wenig Wert für einen Agenten haben. Tabelle 5.3 zeigt hierzu ein Zahlenbeispiel.

	{A}	{B}	{A,B}
Bieter 1	3	3	10
Bieter 2	10	10	0

Tabelle 5.3: Beispiel für superadditive (Bieter 1) und subadditive (Bieter 2) Nutzen für Kombinationen von Gütern.

Eine einfache Auktion würde den Bieter vor ein Prognoseproblem stellen, indem er für den Gewinn des zweiten und auch des dritten Stuhls Wahrscheinlichkeiten berechnen müsste. Ansonsten wüsste er nicht, wieviel er für den ersten Stuhl bieten sollte. Kombinatorische Auktionen bieten hier einen klaren Vorteil.

Bereits 1976 wurden von Jackson kombinatorische Auktionen zur Vergabe von Radiofrequenzen vorgeschlagen. Wenig später schlugen Rassenti et al. (1982) vor, kombinatorische Auktionen zur Allokation von Start- und Landerechten auf Flughäfen zu verwenden.

Kombinatorische Auktionen haben besonders in der jüngsten Vergangenheit verstärkt Aufmerksamkeit erfahren, was man vor allem an der Zahl der Veröffentlichungen zu diesem Thema erkennen kann (Simchi-Levi et al. 2004) und (Cramton et al. 2006). Insbesonders die Probleme der Algorithmik zur Bestimmung der Auktionsgewinner sind verstärkt untersucht worden.

5.2.4 Das Winner Determination Problem in kombinatorischen Auktionen

Zur Ermittlung des bzw. der Gewinner einer kombinatorischen Auktion muss ein ganzzahliges Optimierungsproblem gelöst werden: Das *Winner Determination Problem (WDP)*.

Das WDP wurde bereits in zahlreichen wissenschaftlichen Arbeiten studiert und beschrieben. Als zentrale Arbeiten mit guten Übersichten über weitere Veröffentlichungen sei auf die Arbeiten von Leyton-Brown et al. (2000), Krishna (2002), Sandholm (2002), Elendner (2003) und Simchi-Levi et al. (2004) verwiesen.

In diesem Abschnitt soll ein kurzer Überblick über existierende Modellierungen für das WDP gegeben werden. Diese werden hier in einem allgemeinen Kontext vorgestellt (in Anlehnung an Elendner (2003, S.33)), um sie später für die Zeitfenster-Allokation an einem CDZ entsprechend zu adaptieren.

Hierfür wird sich folgender Notation bedient:

$$
\begin{array}{ll}
I = \{1,\ldots,|\mathcal{H}|\} & \text{Menge der Bieter} \\
\mathcal{J} = \{1,\ldots,|\mathcal{J}|\} & \text{Menge der Gebote} \\
\mathcal{J}_i = \{1,\ldots,|\mathcal{J}_i|\} & \text{Menge der Gebote eines Bieters } i \\
b_j (b_{j,i}) \in z^+ & \text{Wert des Gebotes } j \text{ (des Bieters } i) \\
\mathcal{K} = \{1,\ldots,|\mathcal{K}|\} & \text{Menge der zu versteigernden Güter}
\end{array}
$$

$$
a_{j,k}\,(a_{j,i,k}) \quad
\begin{cases}
1 & : \quad \text{Gebot } j \text{ (des Bieters } i) \text{ beinhaltet das Gut } k \\
0 & : \quad \text{sonst}
\end{cases}
$$

$$
x_j\,(x_{j,i}) \quad
\begin{cases}
1 & : \quad \text{Gebot } j \text{ (des Bieters } i) \text{ wird akzeptiert} \\
0 & : \quad \text{sonst}
\end{cases}
$$

Jedes Gebot $j \in \mathcal{J}$ besteht aus einem Güterbündel. Dieses Güterbündel kann diesem Gebot genau zugeordnet werden, so dass gilt: $j \subseteq \mathcal{K}\ \forall\, j \in \mathcal{J}$.

Unter der Annahme eines Auktionators und mehreren Bietern lässt sich nun das Standard Winner Determination Problem (WDP) formulieren:

$$
\begin{array}{lll}
& \max \quad \displaystyle\sum_{j \in \mathcal{J}} b_j x_j & \hspace{3cm} (5.1) \\[2ex]
\text{(WDP)} \quad & \text{s.t.} \quad \displaystyle\sum_{j \in \mathcal{J}} a_{j,k}\, x_j \leq 1 & \forall k \in \mathcal{K} \hspace{1cm} (5.2) \\[2ex]
& x_j \in \{0,1\} & \forall j \in \mathcal{J} \hspace{1cm} (5.3)
\end{array}
$$

Das Problem kann in das allgemeine *Set Packing Problem (SPP)* überführt werden und gehört zur Komplexitätsklasse der $\mathbb{NP}$-harten Probleme (Karp 1972).

Dabei maximiert die Zielfunktion (5.1) die Gesamtwohlfahrt der Auktion durch Summierung aller akzeptierten Gebote. Restriktion (5.2) stellt sicher, dass jedes Gut nur einmal alloziert wird. In (5.3) wird der Wertebereich der Entscheidungsvariablen x_j definiert.

	$\{A,k^1\}$	$\{B,k^1\}$	$\{A,B,k^1\}$	$\{A,k^2\}$	$\{B,k^2\}$
Bieter 1	3	3	10	0	0
Bieter 2	0	0	0	10	10

Tabelle 5.4: Überführung von XOR- in OR-Gebote mittels künstlicher Güter k^i (Nisan 2000), siehe auch Tabelle 5.3.

Man beachte, dass in dieser Modellierung kein Index für die verschiedenen Bieter auftritt. Es wird davon ausgegangen, dass alle Bieter sog. OR-Gebote abgegeben haben, also alternative Gebote, die sich nicht gegenseitig ausschließen. Es können demnach mehrere Gebote eines Bieters akzeptiert werden.

Sollten die Bieter sich gegenseitig ausschließende Gebote abgeben, sogenannte XOR-Gebote (Exclusive OR), so muss dies in der Modellierung berücksichtigt werden. Eine Möglichkeit ist es, einen weiteren Index i für jeden Agenten einzuführen. Hieraus ergibt sich das Modell WDP-XOR ((5.4)-(5.7)):

$$\max \quad \sum_{i\in I}\sum_{j\in \mathcal{J}_i} b_{i,j}x_{i,j} \tag{5.4}$$

$$\text{s.t.} \quad \sum_{i\in I}\sum_{j\in \mathcal{J}_i} a_{i,j,k}\,x_{i,j} \leq 1 \qquad \forall k \in \mathcal{K} \tag{5.5}$$

(WDP-XOR)

$$\sum_{j\in \mathcal{J}_i} x_{i,j} \leq 1 \qquad \forall i \in I \tag{5.6}$$

$$x_{i,j} \in \{0,1\} \qquad \forall j \in \mathcal{J}, \forall i \in I \tag{5.7}$$

Mit Hilfe des zusätzlichen Index i für jeden Agenten ist es möglich, über Ungleichung (5.6) sicherzustellen, dass maximal ein Gebot eines Agenten akzeptiert wird.

Eine Alternative zu einer Veränderung der Modellierung ist es, XOR-Gebote durch künstliche Güter in OR-Gebote zu überführen (Nisan 2000). Dabei wird ein individuelles „Dummy"-Gut k^i für jeden Bieter i eingeführt und jedem Gebot dieses Bieters hinzugefügt. Dadurch können die XOR-Gebote als OR-Gebote behandelt werden, da die Restriktionen (5.2) oder (5.5) dafür sorgen, dass jedes Gut nur einmal alloziert wird. Um den Fall künstlicher Güter zu unterscheiden, wird diese Art der Gebotsabgabe OR* genannt (Nisan 2000).

Tabelle 5.4 zeigt eine mittels künstlicher Gebote veränderte Gebotsstruktur auf Basis der in Tabelle 5.3 abgegebenen Gebote.

Die Modifikation der Gebote durch künstliche Güter kann in einem Preprocessing Schritt vor dem eigentlichen Allokationsmechanismus durchgeführt werden.

In Sandhom und Suri (2001), Kalagnanam und Parkes (2004) und Elendner (2003) werden zusätzliche Modellierungen für erweiterte Probleminstanzen des WDP beschrieben. Zu nennen wären Modelle für absteigende kombinatorische Auktionen (*Combinatorial Reverse*

Auctions), kombinatorische zweiseitige Auktionen *(Combinatorial Exchanges)* und Multi-Attribut Auktionen *(Multiattribut Auctions)*.

Zwei Modellierungsvarianten, die für den weiteren Verlauf der Arbeit relevant sind, werden im Folgenden vorgestellt.

Kombinatorische Auktionen mit identischen Gütern

Bisher wurde nur der Fall betrachtet, dass jedes Gut der Auktion einmal vorhanden ist und daher auch nur einmal alloziert werden kann. Es können aber sehr wohl auch einige Güter in mehrfacher Anzahl vorhanden sein, und Bieter können auch an manchen Gütern mehrfach interessiert sein.

Für eine Auktion mit identischen Gütern *(Multi-unit Auctions)* muss die WDP-Modellierung ((5.1) bis (5.3)) angepasst werden. Von jedem Gut k existieren A_k identische Einheiten. Eine gültige Allokation kann erreicht werden, indem der Wertebereich der abhängigen Variablen $a_{j,k}$ geändert wird von $a_{j,k} \in \{0,1\}$ auf $a_{j,k} \in \{0 \ldots A_k\}$.

Das WDP einer Multi-Uni-Auction (WDP-MU) wird folgendermaßen formuliert:

$$\max \quad \sum_{j \in \mathcal{J}} b_j x_j \tag{5.8}$$

$$\text{(WDP-MU)} \qquad \text{s.t.} \quad \sum_{j \in \mathcal{J}} a_{j,k} x_j \leq A_k \qquad \forall k \in \mathcal{K} \tag{5.9}$$

$$x_j \in \{0,1\} \qquad \forall j \in \mathcal{J} \tag{5.10}$$

Dieses Problem kann in das *Multidimensional Binary Knapsack Problem (MBKP)* (Neumann und Morlock 2002) überführt werden. Das MDKP wurde von Garey und Johnson (1979) als $\mathbb{NP}$-hart identifiziert.

Man beachte, dass für den speziellen Fall $A_k = 1$ das Modell wiederum in das Standard WDP ((5.1) - (5.3)) überführt werden kann.

Strafkosten für einbehaltene Güter

Nun wird der Fall betrachtet, dass der Auktionator einen fixen Betrag für jedes einbehaltene Gut bezahlen muss, sogenannte Strafkosten oder *Penalties*. Solche Strafkosten können auftreten, wenn Güter z.B entsorgt werden müssen und für das Recycling aufgekommen werden muss. Für die Allokation von Zeitfenstern an Crossdocking-Zentren wird dies nützlich sein, um den zeitlichen Verlauf der Zeitfensterbuchungen zu beeinflussen, z.B. für Zuschläge für Personal zu bestimmten Tageszeiten.

Eine Möglichkeit besteht darin, Ungleichung (5.2) in eine Gleichung umzuwandeln (Elendner 2003, S. 48). Dies führt jedoch lediglich dazu, dass alle Güter verkauft werden müssen und die Wahrscheinlichkeit, keine optimale Lösung mehr zu finden, stark ansteigt. Strafkosten würden demnach gar nicht direkt betrachtet werden.

Strafkosten sollten aber in die Betrachtung miteinbezogen werden, um Lösungen zu gestatten, bei denen einige Güter einbehalten werden. Auf diese Weise können Lösungen größeren Benefits erzielt werden (vgl. Tabelle 5.5). Hierfür sind jedoch wieder Veränderungen in der Modellierung notwendig.

	{A}	{B}	{C}	b_j
Gebot 1	1	1	1	12
Gebot 2	1	0	1	13
Gebot 3	0	1	1	**15**
p_k	**1**	1	1	

Tabelle 5.5: Beispiel für eine Auktion mit Strafkosten p_k: In diesem Beispiel ist es sinnvoll Gebot 3 zu akzeptieren, obwohl Gut A einbehalten wird.

Dazu wird eine weitere Entscheidungsvariable y_k eingeführt, für die gilt:

$$y_k = \begin{cases} 1 & : & \text{Gut } k \text{ wird alloziert} \\ 0 & : & \text{sonst} \end{cases}$$

Mit Hilfe dieser weiteren Variablen kann nun die Zielfunktion des WDP neu formuliert werden:

$$\max \quad \sum_{j \in \mathcal{J}} b_j x_j - \sum_{k \in \mathcal{K}} p_k (1 - y_k) \tag{5.11}$$

$$\tag{5.12}$$

Umgeformt ergibt sich:

$$\max \quad \sum_{j \in \mathcal{J}} b_j x_j + \sum_{k \in \mathcal{K}} p_k y_k - \sum_{k \in \mathcal{K}} p_k \tag{5.13}$$

$$\tag{5.14}$$

Da der letzte Term in (5.13) eine Konstante ist und somit keinen Einfluss auf den Zielfunktionswert hat, kann er gestrichen werden. Damit ergibt sich die Formulierung des Winner Determination Problems für Auktionen mit Penalties (WDP-WP) zu :

$$\max \quad \sum_{j\in \mathcal{J}} b_j x_j + \sum_{k\in \mathcal{K}} p_k y_k \tag{5.15}$$

$$\text{(WDP-WP)} \qquad \text{s.t.} \quad \sum_{j\in \mathcal{J}} a_{j,k}\, x_j \le y_k \qquad \forall k \in \mathcal{K} \tag{5.16}$$

$$x_j \in \{0,1\} \qquad \forall j \in \mathcal{J} \tag{5.17}$$

$$y_k \in \{0,1\} \qquad \forall k \in \mathcal{K} \tag{5.18}$$

Für jedes verkaufte Gut entstehen nun Strafkosten p_k, die in der Zielfunktion 5.15 berücksichtigt werden. Ungleichung (5.16) stellt dabei sicher, dass y_k auf den Wert 1 gesetzt wird, falls das Gut k alloziert wird.

Da das WDP-WP ((5.15) - (5.18)) eine abgeleitete Instanz des WDP ((5.1) - (5.3)) ist, können die Strafkosten direkt als (negative) Vorbehalt- oder Reservierungspreise interpretiert werden (Elendner 2003, S. 38). Dies ermöglicht die Modellierung von Mindestpreisen für Güter oder Anreize zur Allokation bevorzugter Güter.

5.2.5 Vickrey-Clarke-Groves Mechanismus

Die Ermittlung der Auktionsgewinner ist nur ein notwendiger aber nicht hinreichender Bestandteil eines Auktionsmechanismus. Hinzukommt die Bestimmung der zu bezahlenden Preise für die ersteigerten Güter *(Pricing)*. Betrachtet man einfache Auktionsmechanismen, dann stellt man fest, dass sich für diese das Pricing relativ einfach gestaltet:

Der zu bezahlende Betrag eines Bieters i wird in Höchstpreis-Auktionen durch Zahlungsregel $Z_i^{1^{st}}$ (5.19) bestimmt. Für Zweitpreis- oder Vickrey-Auktionen gilt Zahlungsregel $Z_i^{2^{nd}}$ (5.20), da nun zwar immer noch der Bieter mit dem höchsten Gebot gewinnt, er aber nur noch den Betrag in Höhe des zweithöchsten Gebotes zu entrichten hat.

$$Z_i^{1^{st}} = \begin{cases} b_i & : & b_i > b_j \; \forall j \in I \setminus \{i\} \\ 0 & : & \text{sonst} \end{cases} \tag{5.19}$$

$$Z_i^{2^{nd}} = \begin{cases} b^* & : & b_i > b^* \text{ mit } b^* = \max(b_j) \; \forall j \in I \setminus \{i\} \\ 0 & : & \text{sonst} \end{cases} \tag{5.20}$$

Für kombinatorische Auktionen gestaltet sich die Bestimmung der Zahlungsregel etwas schwieriger. Es ist nicht mehr eindeutig identifizierbar, welcher Auktionsteilnehmer gegen wen verloren hat, und somit sind auch die Vickrey-Zahlungen nicht mehr direkt ablesbar.

Zur Bestimmung der Zahlungen in kombinatorischen Vickrey-Auktionen wird der *Vickrey-Clarke-Groves-Mechanismus (VCG)* verwendet, benannt nach den Autoren mit grundlegenden Arbeiten zu diesem Mechanismus: Vickrey (1961), Clarke (1971) und Groves (1973).

Auktionen, die den VCG-Mechanismus anwenden, werden auch *Generalized Vickrey Auctions (GVA)* genannt (Parkes 2000).

Dabei geht man analog zum Pricing in einfachen Vickrey-Auktionen vor, bei dem die Zahlung des Auktionsgewinners sich aus der Differenz seines Gebotes und seines Beitrages zur Gesamtwohlfahrt ergibt. Der Beitrag zur Gesamtwohlfahrt ist genau die Differenz aus dem gewinnenden Gebot und dem zweithöchsten Gebot, da ohne die Teilnahme des gewinnenden Bieters die Gesamtwohlfahrt exakt um diese Differenz geschrumpft wäre. Für den VCG-Mechanismus in kombinatorischen Auktionen lässt sich dies formal folgendermaßen beschreiben:

Mit G^* wird der optimale Zielfunktionswert eines WDP bezeichnet. Weiterhin bezeichnet man mit $G^*_{\backslash i}$ den Zielfunktionswert des WDP ohne Berücksichtigung der Gebote des Bieters i. $\mathcal{W}$ bezeichnet die Menge der Gewinner einer Auktion, also die Agenten, von denen mindestens ein Gebot akzeptiert wurde. Den kumulierten Beitrag zur Gesamtwohlfahrt der Auktionsteilnehmer, also den Beitrag zum Zielfunktionswert G^* eines bestimmten Bieters i, bezeichnet man als β_i. Im Falle von XOR- oder OR*-Geboten enstpricht β_i genau dem Wert des akzeptierten Gebotes des Agenten i.

$$\beta_i = \sum_{j \in \mathcal{I}_i} b_{j,i}\, x_{j,i} \tag{5.21}$$

Damit lässt sich direkt die Zahlungsregel Z_i^{VCG} eines Agenten $i \in \mathcal{W}$ für den VCG-Mechanismus schreiben als

$$Z_i^{VCG} = \beta_i - (G^* - G^*_{\backslash i}) \qquad\qquad \forall i \in \mathcal{W} \tag{5.22}$$

Wie in der einfachen Vickrey-Auktion (5.20) wird der Gebotspreis um den Beitrag des Bieters zur Auktion reduziert. Man beachte aber, dass dies bedeutet, dass man zur vollständigen Bestimmung aller Vickrey-Zahlung das zugehörige WDP $|\mathcal{W}| + 1$ oft lösen muss, jeweils reduziert um den betrachteten Agenten.

Zum besseren Verständis betrachte man das folgende Zahlenbeispiel zum VCG-Mechanismus (Elendner 2003, S. 137):

Beispiel VCG-Mechanismus

Tabelle 5.6 zeigt beispielhaft die Gebote dreier Bieter für drei Güter. Jeder Bieter hat Gebote für unterschiedliche Bündel abgegeben.

Eine effiziente Allokation ergibt, dass Bündel $\{A,C\}$ an Bieter 2 und $\{B\}$ an Bieter 3 alloziert wird. Dies entspricht einer Gesamtwohlfahrt von $G^* = 42$ für diese Auktion.

Löst man das WDP erneut unter Ausschluss der Gebote von Bieter 2 und 3, ergeben sich die reduzierten Gesamtwohlfahrten $G^*_{\backslash 2} = 41$ und $G^*_{\backslash 3} = 39$. Wendet man nun Zahlungsregel Z_i^{VCG} (5.22) an, erhält man

	{A}	{B}	{C}	{A,B}	{A,C}	{B,C}	{A,B,C}
Bieter 1	10	10	10	25	27	25	33
Bieter 2	14	7	11	23	**28**	21	36
Bieter 3	8	**14**	5	24	17	22	30

Tabelle 5.6: Gebote dreier Bieter für vier Güter in einer VCG-Auktion: Hervorgehobene Werte bedeuten, dass diese Gebote akzeptiert wurden.

$$Z_2^{VCG} = 28 - (42 - 41) = 27$$

und

$$Z_3^{VCG} = 14 - (42 - 39) = 11$$

Daraus ergibt sich für Bieter 2 und 3 ein Profit von $28 - 27 = 1$ respektive $14 - 11 = 3$, welche genau ihren Beiträgen zur Gesamtwohlfahrt entsprechen $(G^* - G^*_{\setminus i})$.

An diesem Zahlenbeispiel lässt sich sehr gut demonstrieren, warum der VCG-Mechanismus anreizkompatibel ist, wahrheitsgemäßes Bieten demnach eine dominante Strategie gegenüber den Strategien *Over-* bzw. *Underreporting* darstellt:

Overreporting: Ändert man das Gebot von Bieter 1 für das Güterbündel $\{A,C\}$ auf 29, obwohl seine wahre Wertschätzung 27 beträgt (auch genannt *Overreporting*), dann würde er zwar den Zuschlag in der Auktion erhalten, jedoch würde ihn der *Winner's Curse* treffen. Durchläuft man den VCG-Mechanismus erneut, so ergeben sich die in Tabelle 5.7 dargestellten Ergebnisse.

	w	G^*	β_1	β_3	$G^*_{\setminus 1}$	$G^*_{\setminus 3}$
Wert	$\{1,3\}$	43	29	14	42	39

Tabelle 5.7: Ergebniswerte der Auktion für den Fall des *Overreporting* durch Bieter 1.

Nach (5.20) ergibt sich hieraus

$$Z_1^{VCG} = 29 - (43 - 42) = 28$$

was einem Profit von $27 - 28 = -1$ entspricht. Das Overreporting hat sich für Bieter 1 also nicht ausgezahlt.

Underreporting: Ebensowenig ist das Abgeben zu niedriger Gebote *(Underreporting)* erfolgversprechend. Ändert Bieter 2 sein Gebot für Bündel $\{A,C\}$ auf 26 anstatt der wahren 28, dann gewinnt er die Auktion überhaupt nicht und geht leer aus (sog. *Threshold Problem*). Bietet er bspw. 27.5, dann erhält er immer noch den Zuschlag, seine Zahlung von 27 und sein Profit von 1 bleiben davon jedoch unberührt.

5.2.6 Abschließende Betrachtung kombinatorischer Auktionen

Die Arbeiten von Vickrey (1961), Clarke (1971) und Groves (1973) sowie die darauf aufbauenden Arbeiten von Parkes (1999), Conen (2003), Elendner (2003) de Vries und Vohra (2004) zeigen, dass der VCG-Mechanismus sowohl anreizkompatibel als auch individuell rational ist. Gleichzeitig kann mit Hilfe des VCG-Mechanismus eine effiziente Allokation sichergestellt werden.

Somit wird der VCG-Mechanismus den Hauptanforderungen (Vgl. Abschnitt 5.2.1) an Auktionsmechanismen gerecht und bildet daher die Grundlage für die dezentrale Steuerung von Crossdocking-Zentren.

Allerdings sind hierfür einige Voraussetzungen zu beachten, die für die Implementierung eines effizienten, anreizkompatiblen und individuell rationalen Allokationsmechanismus gelten müssen:

- Jeder Bieter muss seine Gebote vollständig abgeben. Da es in kombinatorischen Auktionen stets $2^{|\mathcal{K}|}$ zu bewertende Kombinationen gibt, kann dies u. U. in der Praxis Probleme bereiten.

- Das WDP der kombinatorischen Auktion muss optimal gelöst werden. Da das Problem $\mathbb{NP}$-hart ist, sind hier insbesondere Rechenzeitanforderungen zu beachten.

- Der VCG-Mechanismus muss zur Preisermittlung angewandt werden, um die Anreizkompatibilität der Auktion zu gewährleisten. Dies bedeutet jedoch, dass das WDP weitere $|\mathcal{W}|$ mal optimal gelöst werden muss.

5.3 Vorgehensweise zur vollständigen Gebotsermittlung der Logistikdienstleister

Nachdem die Grundlagen zur Ermittlung der Gewinner in kombinatorischen Auktionen beschrieben wurden, gilt es nun, die Vorgehensweise der LDL zur Ermittlung der Gebote zu erläutern. Die Erhebung der Gebote wird auch als *Preference Elicitiation* bezeichnet.

Wie bereits erläutert, haben Zeitfensterrestriktionen der Kunden einen direkten Einfluss auf die Kosten der resultierenden Tour (vgl. Abschnitt 5.1.1). Eine ungünstige Lage des Zeitfensters kann im Extremfall dazu führen, dass der Kunde nicht mehr mit anderen Kunden zu einer Tour kombiniert werden kann und somit ein weiteres Fahrzeug inklusive Fahrer eingesetzt werden muss (vgl. Abbildung 5.2).

Der LDL steht demnach vor einem Entscheidungsproblem, hinsichtlich des Zeitfensters, das er bevorzugt. Die Information über diese Präferenzen muss er an den CDZ-3PL übermitteln, damit dieser eine effiziente Allokation der Zeitfenster an den Stripdoors des CDZ vornehmen kann. Die Quantifizierung der Präferenzen für verschiedene Zeitfenster findet mittels der bewerteten Lösung des *Pick-up and Delivery Problems* des LDL statt.

5.3.1 Monetäre Bewertung alternativer Zeitfenster

Ausgangspunkt sind vollständige Informationen über die Auftragsdaten des frachtführenden LDL innerhalb der Planungsperiode. Diese beinhalten alle benötigten Informationen über Standorte, Zeitfensterrestriktionen und Servicezeiten der Lieferanten. Ebenso sind Standort, Bedarf und Servicezeit des CDZ bekannt. Für das CDZ gilt außerdem ein spätester Fertigstellungszeitpunkt e_{JIT}, zu welchem die Entladung abgeschlossen sein muss. Zusätzlich besitzt der LDL eventuell Aufträge sonstiger Kunden, bei denen Waren abgeholt oder abgeliefert werden müssen. Von diesen sind ebenfalls Standorte, Zeitfensterrestriktionen, Servicezeiten und Bedarfsmengen bekannt.

Auf Basis dieser Daten kann der LDL nun ein PDPTW aufstellen, dessen Lösung Grundlage der Gebotsermittlung ist. Hierfür teilt man den Planungshorizont in diskrete Abschnitte, sogenannte Einheitszeitfenster, beliebiger Länge. Die Länge sollte nicht zu groß gewählt werden, damit ein möglichst feines Raster ermöglicht wird. Indiziert man nun jede dieser Einheitszeitfenster, so erhält man durch Aneinanderreihung mehrerer dieser Einheitszeitfenster das tatsächlich gewünschte Zeitfenster einer PDPTW-Lösung.

Es ist unerheblich, ob die Bewertung der Lösungsalternativen mittels eines heuristischen oder exakten Verfahrens erfolgt. In Anbetracht der Tatsache, dass das PDPTW ein $\mathbb{NP}$-hartes Problem ist, ist der Einsatz heuristischer Verfahren jedoch wahrscheinlich. Daher ist die „kostengünstigste" Lösung nicht zwangsläufig die „optimale".

Zur monetären Bewertung verschiedener Zeitfenster am CDZ löst der LDL nun mehrfach das PDPTW, jeweils mit einer alternativen Zeitfensterkonstellation. Der dabei ermittelte Zielfunktionswert entspricht dann den mit diesem spezifischen Zeitfenster verbundenen Kosten. Systematisch kann der LDL nun jede mögliche Zeitfensterkombination (unter Berücksichtigung der harten Restriktion e_{JIT}) monetär bewerten. Abbildung 5.3 veranschaulicht die Zusammenhänge.

5.3.2 Gebotsermittlung

Aus der vorliegenden Menge bewerteter Lösungen $\bar{\mathcal{B}}$ müssen nun Gebote ermittelt werden, die den wahren Nutzen eines Zeitfensters ausdrücken. In einer Auktion steht man i. d. R. vor den Alternativen, ein oder mehrere Güter zu bekommen oder leer auszugehen. Der Nutzen, der durch den Zugewinn eines oder mehrerer Güter erfolgt, entspricht dem abzugebenden Gebot.

Im Fall der auktionsgestützten Zeitfensterallokation steht der LDL jedoch nicht vor der Alternative, *kein* Zeitfenster zu bekommen. Die Anlieferung findet in jedem Fall statt. Der LDL bekommt demnach in jedem Fall ein Zeitfenster alloziert, sogar wenn er die Auktionsteilnahme verweigert. Die durch dieses „unbekannte" Zeitfenster verursachten Kosten $\bar{b}^{\star}$ bilden einen Referenzwert, gegenüber welchem sich der LDL durch die Auktionsteilnahme verbessern kann. Der Nutzen eines Zeitfensters entspricht der Verbesserung gegenüber diesem Referenzwert. Ist dieser für jedes Zeitfenster positiv, ist die Auktion individuell rational (vgl. Abschnitt 5.2.1).

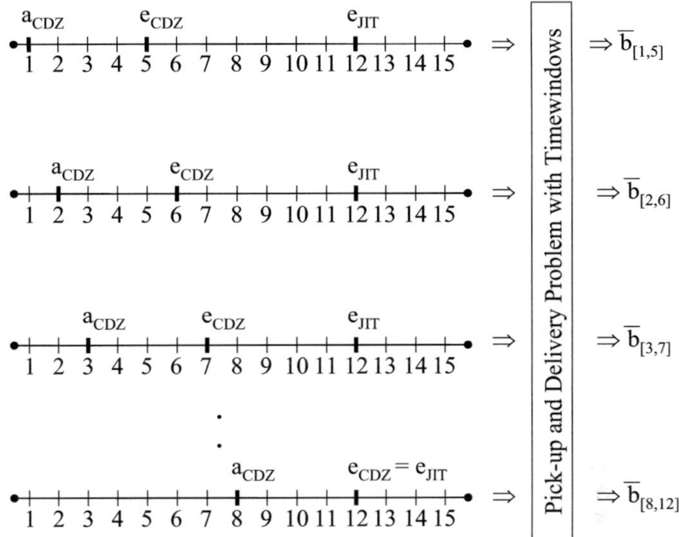

Abbildung 5.3: Monetäre Bewertung $(\bar{b}_{[a,e]})$ möglicher Zeitfensterkombinationen mittels PDPTW-Lösungen.

Für den LDL bieten sich zwei Alternativen zur Bestimmung von $\bar{b}^\star$ an: Das kostenmaximale Zeitfenster $\bar{b}'$, also die schlechteste Alternative, oder die erwarteten Kosten $E(\bar{b})$, falls der LDL die Auktionsteilnahme verweigert und ein zufälliges Zeitfenster erhält.

Verwendet der LDL $\bar{b}'$ als Referenzwert, kann er sichergehen, niemals das kostenungünstigste Zeitfenster zugeordnet zu bekommen, es sei denn, dies ist aus Effizienzgründen notwendig. Die ihm dann entstehenden Kosten sind jedoch nicht höher als ohne Auktionsteilnahme, der Auktionmechanismus ist individuell rational.

Gilt $\bar{b}^\star = E(\bar{b})$, steht der LDL vor dem Problem, Wahrscheinlichkeiten für den Erhalt eines bestimmten Zeitfensters zu bestimmen, um daraus einen Erwartungswert der Kosten bilden zu können. Die simple Annahme einer Gleichverteilung ist zwar die beste, die getroffen werden kann, aber für eine analytische Bestimmung a-priori besitzt der LDL zu wenig Informationen. Außerdem würde die Gebotsabgabe die Wahrscheinlichkeit für den Erhalt eines Zeitfensters beeinflussen und somit den vorher berechneten Referenzwert wieder verfälschen. Im Folgenden wird daher die Gebotsermittlung mit $\bar{b}^\star = \bar{b}'$ als Referenzwert verfolgt. Ein Vergleich beider Ansätze und der Auswirkungen auf die Zeitfensterallokation bzw. die entstehenden mittleren Kosten folgt in Kapitel 6.

Will ein LDL vermeiden, das für ihn kostenmaximale Zeitfenster $\bar{b}'$ zugeordnet zu bekommen, so kann er alle Zeitfensterbewertungen in Relation zu $\bar{b}'$ setzen und so seine Bereitschaft zum Ausdruck bringen, für jedes andere Zeitfenster zu bezahlen. Hierzu betrachtet man systematisch die Kostendifferenzen eines beliebigen Zeitfensters zum kostenmaximalen Zeitfenster $\bar{b}'$, da dies die schlechteste Alternative darstellt.

Das Gebot $b_{[a,e]}$ für ein beliebiges Zeitfenster $[a,e]$ ergibt sich immer aus der Differenz der Kosten von $\bar{b}'$ und den Kosten der Lösung mit Zeitfenster $[a,e]$. Für das zu $\bar{b}'$ gehörende Zeitfenster ergibt sich demnach ein Gebot von Null (vgl. Abbildung 5.4):

$$b_{[a,e]} = \bar{b}' - \bar{b}_{[a,e]} \tag{5.23}$$

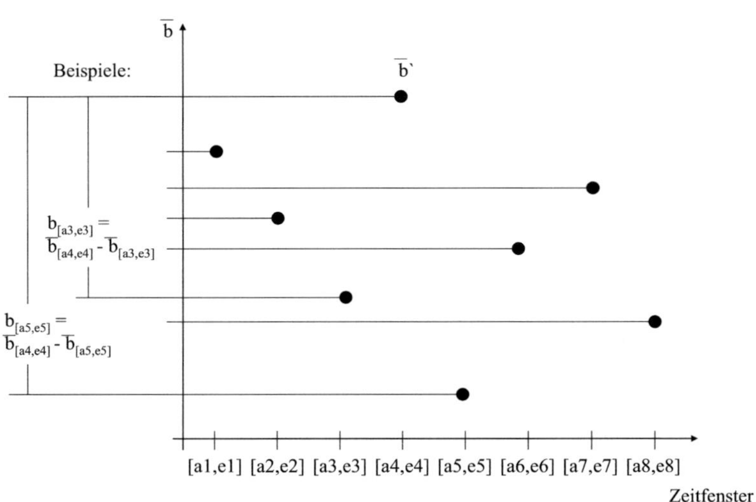

Abbildung 5.4: Ermittlung der Gebotswerte: Der Gebotswert $b_{[a,e]}$ für ein bestimmtes Zeitfenster wird über die Kostendifferenz der betrachteten Lösung $\bar{b}_{[a,e]}$ und der kostenmaximalen Lösung $\bar{b}'$ ermittelt.

Ergebnis ist schließlich eine vollständige Menge an Geboten $\mathcal{B}$ für alle möglichen Zeitfensteralternativen am CDZ. Diese wird an den CDZ-3PL übermittelt, sodass dieser mit der Auktion beginnen kann, nachdem alle LDL entsprechende Gebote abgegeben haben.

Algorithmus 2 stellt die Berechnungsschritte zur Ermittlung vollständiger Gebotsmengen zusammenfassend dar, Tabelle 5.8 zeigt ein Zahlenbeispiel.

Algorithmus 2 Ermittlung vollständiger Gebotsmengen

Eingabe: Lieferanten $\mathcal{N}$, Zeitfenster $[a_n, e_n]$, Servicezeit $t_n^s \, \forall \, n \in \mathcal{N}$;

Eingabe: CDZ, spätestes Zeitfenster $[a_{JIT}, e_{JIT}]$, Bedarf d_{CDZ}, Servicezeit t_{CDZ}^s;

Eingabe: sonstige Kunden $\mathcal{M}$, Zeitfenster $[a_m, e_m]$, Servicezeit t_m^s, Bedarf d_m;

Eingabe: Menge bewerteter Lösungen $\bar{\mathcal{B}} := \emptyset$;

Eingabe: Menge der Gebote $\mathcal{B} := \emptyset$;

$[a, e] := \left[1, 1 + t_{CDZ}^s\right]$;

while $e \leq e_{JIT}$ **do**

    löse und bewerte PDPTW für $[a, e] \rightsquigarrow \bar{b}_{[a,e]}$;

    $\bar{\mathcal{B}} := \bar{\mathcal{B}} \cup \{\bar{b}_{[a,e]}\}$;

    $[a, e] := [a + 1, e + 1]$;

end while

for $k \leq |\bar{\mathcal{B}}|$ **do**

    $[a, e] := [a_k, e_k]$ mit $k = argmin(\bar{b} \in \bar{\mathcal{B}})$;

    $b_{[a,e]} := \bar{b}' - \bar{b}_{[a,e]}$ mit $\bar{b}' = \max(\bar{\mathcal{B}})$,

    $\mathcal{B} := \mathcal{B} \cup \{b_{[a,e]}\}$;

end for

Ausgabe: vollständige Menge der Gebote $\mathcal{B}$

	$\{1,2,3,4,5\}$	$\{2,3,4,5,6\}$	$\{3,4,5,6,7\}$	$\{4,5,6,7,8\}$	$\{5,6,7,8,9\}$
$[a,e]$	$[1,5]$	$[2,6]$	$[3,7]$	$[4,8]$	$[5,9]$
$\bar{b}$	13	25	17	$44 = \bar{b}'$	8
b	31	19	27	0	36

Tabelle 5.8: Zahlenbeispiel zur Gebotsermittlung: Geboten wird auf die Menge der Einheitszeitfenster. Man erkennt, dass das günstigste Zeitfenster ($[5,9]$) das höchste Gebot erhält (36).

5.4 Auktionsmechanismus für die dezentrale Steuerung

Nachdem alle Bieter ihre Gebote bestimmt haben, können diese an den Auktionator übermittelt werden und die Auktion kann beginnen. Die ablaufenden Schritte der Auktion werden als *Auktionsprotokoll* bezeichnet. Zunächst müssen die übermittelten Gebote aufbereitet werden (Preprocessing). Anschließend kann das WDP gelöst werden (Winner Determination) und darauf aufbauend die Vickrey-Zahlungen berechnet werden (Pricing). Das Protokoll endet mit der Übermittlung der Allokationslösung und der zu tätigenden Vickrey-Zahlungen der Agenten. Abbildung 5.5 gibt eine Übersicht über den Gesamtablauf.

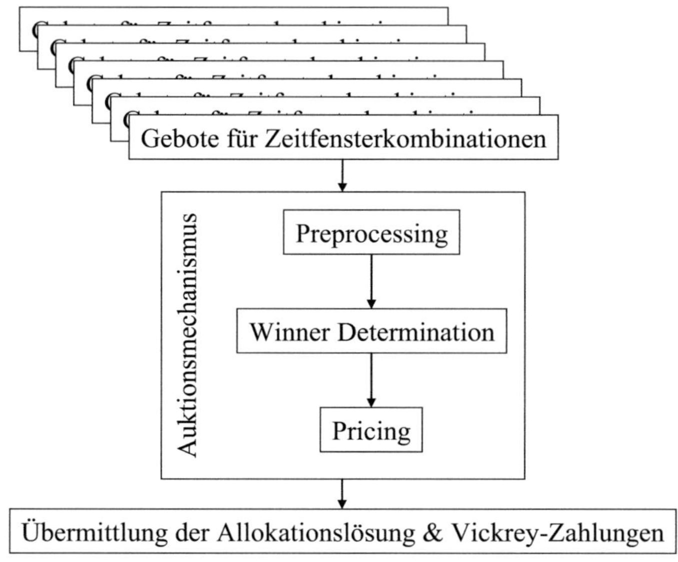

Abbildung 5.5: Gesamtablauf für die Zeitfenstervergabe mittels kombinatorischer Auktion.

5.4.1 Preprocessing

Der erste Schritt innerhalb des Auktionsprotokolls ist die Aufbereitung der Gebote. Dabei werden zunächst ungültige Gebote aus der Gebotsmenge gelöscht. Ungültige Gebote sind in erster Line unvollständige Gebote, also Gebote denen wichtige Informationen fehlen wie z. B. Gebotswert und Gebotsumfang (Anzahl Zeitfenster). Ebenso sind Gebote ungültig, die die vom CDZ-3PL vorgegebenen harten Restriktionen verletzten, also eine Ankunft nach dem JIT-Zeitfenster resultieren würde. Befolgen alle Bieter die in Abschnitt 5.3 beschriebene Vorgehensweise zur vollständigen Gebotsermittlung, können keine ungültigen Gebote entstehen.

Weiterhin werden den Geboten Dummy-Güter hinzugefügt, um aus den als OR-Geboten übermittelten Informationen OR*-Gebote zu erstellen (vgl. Abschnitt 5.2.4). Dadurch muss in der folgenden Winner Determination kein Index für den Bieter geführt werden und es ist immer sichergestellt, dass genau ein Gebot eines Bieters akzeptiert wird. Zur besseren Unterscheidung von der ursprünglichen Gebotsmenge $\mathcal{B}_i$ eines Bieters wird die nun vorliegende Gebotsmenge der erweiterten Gebote eines Bieter mit $\mathcal{B}_i^*$ bezeichnet. Aus den Mengen $\mathcal{B}_i^*$ kann der Auktionator nun in einem weiteren Schritt die Menge aller Gebote aller Bieter $\mathcal{J} = \cup_i \mathcal{B}_i^*$ erstellen.

Gleichzeitig können alle abhängigen Parameter und Variablen bestimmt werden, die für die Winner Determination notwendig sind.

5.4.2 Winner Determination

Nach der Aufbereitung der Gebote können mit der eigentlichen Auktion begonnen und die Gewinner der kombinatorischen Auktion bestimmt werden. Hierfür muss ein Winner Determination Problem formuliert werden.

Notation

Für die Winner Determination der kombinatorischen Auktion werden, bezugnehmend auf die Abschnitte 4.2.1 und 5.2.4, folgende Bezeichner vereinbart:

$\mathcal{J} = \{1,\ldots,\|\mathcal{J}\|\}$	Menge der Gebote
$\mathcal{V} = \{1,\ldots,\|\mathcal{V}\|\}$	Menge der Zeitfenster
$I = \{1,\ldots,\|I\|\}$	Menge der Bieter
$\mathcal{PI} = \{1,\ldots,\|\mathcal{PI}\|\}$	Menge der Abfertigungstore (Inbound)

N_v^{in}	Maximale (bzw. geöffnete) Anzahl Strip-doors in Zeitfenster v
b_j	Wert des Gebotes j
$c_{v,p}$	Reservierungspreis des Zeitfensters v an Tor p
e_j	Zeitfenster in dem die Entladung des Gebots j endet

$$a_{j,v} = \begin{cases} 1 & : \text{Gebot } j \text{ beinhaltet das Zeitfenster } v \\ 0 & : \text{sonst} \end{cases}$$

$$k_{j,i}^i = \begin{cases} 1 & : \text{Gebot } j \text{ beinhaltet Dummy-Gut } k^i \\ 0 & : \text{sonst} \end{cases}$$

$$X_{j,p} = \begin{cases} 1 & : \text{Gebot } j \text{ wird akzeptiert und Tor } p \text{ zugeordnet} \\ 0 & : \text{sonst} \end{cases}$$

$$Y_{v,p} = \begin{cases} 1 & : \text{Zeitfenster } v \text{ an Tor } p \text{ wird alloziert} \\ 0 & : \text{sonst} \end{cases}$$

Problemformulierung

$$\max \sum_{j\in\mathcal{J}} \sum_{p\in\mathcal{P}I} b_j X_{j,p} \tag{5.24}$$

$$\text{s.t.} \sum_{j\in\mathcal{J}} \sum_{p\in\mathcal{P}I} a_{j,v} X_{j,p} \leq N_v^{in} \qquad \forall v \in \mathcal{V} \tag{5.25}$$

$$\text{(CD-WDP)} \qquad \sum_{j\in\mathcal{J}} a_{j,v} X_{j,p} \leq 1 \qquad \forall p \in \mathcal{P}I, \forall v \in \mathcal{V} \tag{5.26}$$

$$\sum_{j\in\mathcal{J}} \sum_{p\in\mathcal{P}I} k_{j,i}^i X_{j,p} \leq 1 \qquad \forall i \in I \tag{5.27}$$

$$X_{j,p} \in \{0,1\} \qquad \forall j \in \mathcal{J}, p \in \mathcal{P}I \tag{5.28}$$

Durch das ganzzahlige Optimierungsproblem CD-WDP ((5.24)-(5.28)) werden alle Einheitszeitfenster v gesamtwohlfahrtsmaximierend unter den bietenden LDL alloziert (5.24). Restriktion (5.25) stellt dabei sicher, dass nie mehr Zeitfenster alloziert werden wie Eingangstore N_v^{in} zu Verfügung stehen. Gleichzeitig darf pro Abfertigungstor p ein Zeitfenster maximal einmal alloziert werden, damit keine Überbuchungen stattfinden (vgl. Abschnitt 5.1.1). Hierfür sorgt Restriktion (5.26). Da es sich um eine Auktion mit identischen Gütern handelt, muss Restriktion (5.27) zusätzlich eingeführt werden, damit gewährleistet ist, dass pro Bieter nur ein Gebot akzeptiert wird. Dass die Zeitfenster konsekutiv vergeben werden, also eine einmal begonnene Entladung an einem Abfertigungstor nicht mehr unterbrochen wird, stellt Index p der Entscheidungsvariablen $X_{j,p}$ sicher. Ein Gebot kann also nicht „aufgeteilt" werden. (5.28) definiert schließlich den Wertebereich der Entscheidungsvariablen $X_{j,p}$.

Abgesehen von den harten Zeitrestriktionen, also die spätesten Fertigstellungszeitfenster $[a_{JIT}, e_{JIT}]$, die vom LDL bereits in der Gebotsermittlung berücksichtigt wurden und im Preprocessing eliminiert wurden, nimmt der CDZ-3PL keinerlei Einfluss auf die Allokation der Zeitfenster. Wie bereits in Abschnitt 3.2.3 beschrieben trägt die physische Zuordnung von Lkw an Strip Doors wesentlich zu den operativen Kosten des CDZ-Betriebs bei.

Im beschriebenen CD-WDP wird zwar eine Torbelegung vorgenommen, diese dient aber lediglich der Vermeidung von Überbuchungen. Da aus Sicht der LDL nur die zeitliche Komponente der Torbelegungsplanung die Gesamtwohlfahrt beeinflusst, kann der CDZ-3PL die gefundenen Allokation einem weiteren Optimierungsschritt unterziehen, bei dem die gefundene Zeitfensterallokation als Ausgangsbasis dient. Der räumlichen Komponente der Torbelegungsplanung wird dann in diesem Schritt Rechnung getragen.

Neben den harten Restriktionen kann der CDZ-3PL Präferenzen hinsichtlich des zeitlichen Verlaufs der Auslastung an den Abfertigungstoren haben, da für jedes geöffnete Abfertigungstor pro Zeiteinheit spezifische Kosten $c_{v,p}$ entstehen (vgl. Abschnitt 4.2.3).

WDP Formulierung CD-WDP erlaubt dem CDZ-3PL nicht, aktiv die Zeitfensterallokation auf seine Personalplanung abzustimmen. Dazu muss er seine Präferenzen mittels Nutzenfunktionen analog der LDL zum Ausdruck bringen. Da der CDZ-3PL jedoch als Auktionator auftritt, interpretiert man dessen Nutzenaussagen nicht als Gebote, sondern als Reservierungspreise (vgl. Abschnitt 5.2.4). Als Beispiel stelle man sich die Anlieferung zu personalzuschlagspflichtigen Zeiten vor. Im CD-WDP wird dies dadurch berücksichtigt, dass Anlieferungen in dieser Zeit durch Anpassung des Parameters N_v^{in} verboten werden. Es werden demnach in zuschlagspflichtigen Zeiten entsprechend weniger Abfertigungstore geöffnet. Um jedoch eine echte Gesamtwohlfahrtsmaximierung zu ermöglichen, ist es jedoch wünschenswert, die Anlieferung in diesen Zeiten zu erlauben, und die entstehenden Mehrkosten in der Berechnung der Gesamtwohlfahrt zu berücksichtigen. Die bedeutet, dass eine Anlieferung nicht prinzipiell verboten ist, sondern dann erlaubt ist, wenn es sich „lohnt". Analog zu Abschnitt 4.2.3 definiert man hierfür *zusätzlich* entstehende Kosten pro Zeitfenster und Abfertigungstor $c_{v,p}$. Diese werden als Reservierungspreise interpretiert und in das WDP integriert. Das neue WDP wird als *Crossdocking Winner Determination Problem mit Reservierungspreisen (CD-WDPRP)* bezeichnet und entsprechend 5.29-5.35 formuliert.

$$\max \sum_{j \in \mathcal{J}} \sum_{p \in \mathcal{P}I} b_j X_{j,p} - \sum_{v \in \mathcal{V}} \sum_{p \in \mathcal{P}I} c_{v,p} Y_{v,p} \tag{5.29}$$

$$\text{s.t.} \sum_{j \in \mathcal{J}} \sum_{p \in \mathcal{P}I} a_{j,v} X_{j,p} \leq N_v^{in} \qquad \forall v \in \mathcal{V} \tag{5.30}$$

$$\sum_{j \in \mathcal{J}} a_{j,v} X_{j,p} \leq 1 \qquad \forall p \in \mathcal{P}I, \forall v \in \mathcal{V} \tag{5.31}$$

(CD-WDPRP)

$$\sum_{j \in \mathcal{J}} \sum_{p \in \mathcal{P}I} k_{j,i}^i X_{j,p} \leq 1 \qquad \forall i \in I \tag{5.32}$$

$$\sum_{j \in \mathcal{J}} a_{j,v} X_{j,p} \leq Y_{v,p} \qquad \forall v \in \mathcal{V}, p \in \mathcal{P}I \tag{5.33}$$

$$Y_{v,p} \in \{0,1\} \qquad \forall v \in \mathcal{V}, p \in \mathcal{P}I \tag{5.34}$$

$$X_{j,p} \in \{0,1\} \qquad \forall j \in \mathcal{J}, p \in \mathcal{P}I \tag{5.35}$$

Mit Hilfe des CD-WDPRP ist es möglich die Zeitfenstervergabe unter Berücksichtigung der Präferrenzen des CDZ-3PL graduell zu beeinflussen. Dies wird durch die Berücksichtigung der Reservierungspreise $c_{v,p}$ pro Zeitfenster v und Abfertigungstor p über die Binärvariable $Y_{v,p}$ in der Zielfunktion (5.29) erreicht. Die durch die Vergabe eines bestimmten Zeitfensters entstehenden Mehrkosten werden von der Gesamtwohlfahrt subtrahiert, können aber durch entsprechend hohe Gebote der Agenten kompensiert werden. Nebenbedingungen (5.30)-(5.32) verhalten sich analog zu jenen im CD-WDP. Hinzugekommen ist Ungleichung (5.33), welche $Y_{v,p}$ bei Vergabe eines Zeitfensters determiniert. (5.34) bestimmt den Wertebereich der neuen Binärvariablen.

Beim CD-WDPRP handelt es sich demnach um eine Erweiterung des CD-WDP. Für

$$c_{v,p} = 0 \quad \forall\, v\ in\ \mathcal{V}\,,\, p\ in\ \mathcal{P}I$$

kann das CD-WDPRP in das CD-WDP überführt werden, da immer

$$\sum_{v\in\mathcal{V}} \sum_{p\in\mathcal{P}I} c_{v,p} Y_{v,p} = 0$$

gilt und der Term somit aus der Zielfunktion gestrichen werden kann. Dementsprechend hat Restriktion (5.33) keinen Einfluss mehr auf die Zielfunktion und kann ebenfalls eliminiert werden.

Erweiterungsmöglichkeiten

Aufbauend auf den Optimierungsproblemen CD-WDP und CD-WDPRP lassen sich ähnlich wie beim Job-Scheduling zusätzliche Restriktionen einfügen, um weitere Aspekte zu berücksichtigen. Es ist jedoch zu beachten, dass jede weitere Restriktion einerseits den Lösungsraum eingrenzt und somit die Berechnungsdauer reduziert wird, andererseits jedoch die Wahrscheinlichkeit stark ansteigt, überhaupt keine gültige Allokation mehr zu erhalten.

Es soll daher an dieser Stelle nur noch auf eine zusätzliche Erweiterungsmöglichkeit eingegangen werden, die im Zusammenhang mit der auktionsbasierten Torbelegungsplanung von Interesse sein kann. Diese betrifft die Berücksichtigung von Reihenfolgerestriktionen der ankommenden Fahrzeuge. So kann die Vorteilhaftigkeit einer Lkw-Entladung zu einem bestimmten Zeitpunkt von den Ankunfts- oder Entladungszeitpunkten anderer Lkw abhängig sein. Dies ist dann der Fall, wenn mehrere Inbound Fahrzeuge Waren für ein Outbound Fahrzeug anliefern, die Entladung also möglichst *gruppiert* stattfinden sollte, um so einen schnellen Durchfluss durch das CDZ zu ermöglichen.

Angenommen, innerhalb der Bietermenge I existiert eine Menge I^G an Agentengruppen I_g^G, die möglichst gemeinsam bearbeitet werden sollen. Jede Gruppe I_g^G ist dadurch gekennzeichnet, dass für Sie ein Δ_g^G existiert, das die maximal zulässige Differenz der Fertigstellungszeitpunkte der Entladungen der Agenten $i \in I_g^G$ definiert. Dies bedeutet, dass wenn eine Lkw-Entladung eines Agenten $i \in I_g^G$ in Zeitfenster v endet, dürfen die Lkw-Entladungen der restlichen Agenten der Menge I_g^G um maximal diese Differenz früher oder später beendet werden. Formal lässt sich dies durch folgende zusätzliche Restriktion im CD-WDP oder CD-WDPRP erreichen:

$$\left| \sum_{p\in\mathcal{P}I} X_{j,p}\, e_j - \sum_{p\in\mathcal{P}I} X_{h,p}\, e_h \right| \leq \Delta_g^G \qquad\qquad \forall g \in I^G,\, j,h \in I_g^G,\, j \neq h \qquad (5.36)$$

Lösung des Winner Determination Problems

Das WDP zur Bestimmung der Auktionsgewinner einer kombinatorischen Auktion ist ein ganzzahliges Optimierungsproblem, für das sich die gleichen Lösungsverfahren des Operations Research anbieten, wie sie für das CDSP in Kapitel 4 beschrieben wurden. Das WDP einer kombinatorischen Auktion ist $\mathbb{NP}$-schwer, da die Anzahl möglicher Gebote exponentiell mit der Anzahl der zu versteigernden Güter ansteigt. Es wird daher auf das bereits in Abschnitt 4.4 beschriebene Verfahren des Branch-and-Bound zurückgegriffen. Eine detaillierte Analyse des Laufzeitverhaltens und der Tractability folgt in Kapitel 6.

Für das WDP in kombinatorischen Auktionen existieren einige Arbeiten, die sich mit der Entwicklung problemspezifischer Heuristiken zur Lösung des WDP beschäftigt haben. Diese erreichen Lösungen nahe dem tatsächlichen Optimum. Wie de Vries und Vohra (2003) gezeigt haben, verhalten sich die Vickrey-Zahlungen in kombinatorischen Zweitpreis-Auktionen sensitiv zur Güte der WDP-Lösung. Da bei der Verwendung von heuristischen Lösungsverfahren die Optimalität der WDP-Lösung nicht mehr garantiert werden kann, ist auch die Effizienz der gefundenen Lösung nicht mehr gewährleistet. Dies kann dazu führen, dass die Anreizkompatibilität des gesamten Mechanismus verloren geht und sich eventuell unwahrheitsgemäßes Bieten als vorteilhaft für die Agenten darstellt (de Vries und Vohra (2004, S. 254) sowie Nisan und Ronen (2000)).

5.4.3 Pricing

Die Lösung des Winner Determination Problems ergibt eine Allokation von Zeitfenstern und Abfertigungstoren an die Bieter. Nun gilt es zu bestimmen, wieviel die Bieter für den Erhalt der Zeitfenster bezahlen müssen. Wie bereits ausgeführt, erfolgt dies unter Anwendung der Vickrey-Zahlungsregel (5.22).

Aus der Lösung des WDP ergibt sich eine Menge an Auktionsgewinnern $\mathcal{W}$. Für jeden Bieter $i \in \mathcal{W}$ gilt nun:

$$Z_i^{VCG} = \beta_i - (G^* - G^*_{\setminus i}) \qquad \forall i \in \mathcal{W}$$

Dabei ergibt sich β_i des Bieters i (5.21) einfach zum Wert des Gebotes j, da im Falle der Torbelegungsplanung maximal ein Gebot eines Bieters akzeptiert wird (OR*-Gebote). Der Wert der Gesamtwohlfahrt G^* liegt als Ergebnis des WDP vor.

$G^*_{\setminus i}$ ist der Zielfunktionswert des WDP unter Ausschluss des Bieters $i \in \mathcal{W}$. Dieser Wert drückt aus, welche Gesamtwohlfahrt erreicht werden könnte, falls Bieter i nicht an der Auktion teilgenommen hätte. Da i ein Auktionsgewinner ist, ist sein Beitrag zur Gesamtwohlfahrt stets positiv, es gilt

$$G^* - G^*_{\setminus i} \geq 0 \qquad \forall i \in \mathcal{W} \tag{5.37}$$

$G^*_{\setminus i}, \forall i \in \mathcal{W}$ ergibt sich durch $|\mathcal{W}|$-faches lösen des WDP mit $\mathcal{J} \setminus \mathcal{B}_i^*$, also der Lösung unter Ausschluss aller Gebote des Bieters i. Als Restriktion für das WDP kann dies mit Hilfe des Paramters $k_{j,i}^i$ ausgedrückt werden.

$$\sum_{p \in \mathcal{P}I} k_{j,i}^i X_{j,p} = 0 \qquad \forall j \in \mathcal{J}, \left\{ i \in \mathcal{W} \mid k_{j,i}^i = 1 \right\} \tag{5.38}$$

(5.38) stellt für alle Gebote, die das Dummy-Gut $K^i_{j,i}$ des Bieters i beinhalten sicher, dass diese nicht akzeptiert werden ($X_{j,p} = 0$).

Algorithmus 3 stellt den Ablauf formal dar.

Algorithmus 3 Pricing der kombinatorischen Auktion

   Löse WDP mit $\mathcal{J} \rightsquigarrow G^*$;
$\beta_i := b_j$;
for all $i \in \mathcal{W}$ **do**
   Löse WDP mit $\mathcal{J} := \mathcal{J} \setminus \mathcal{B}^*_i \rightsquigarrow G^*_{\setminus i}$;
   $Z_i = \beta_i - (G^* - G^*_{\setminus i})$;
end for

5.4.4 Übermittlung der Ergebnisse

Die mittels Auktionen gefundene Allokationslösung kann nun an die LDL übermittelt werden. Da für die Gebotsübermittlung bereits eine informationstechnische Anbindung an das CDZ zweckmäßig ist, kann die gleiche Anbindung verwendet werden, um die Informationen dem LDL zukommen zu lassen. Ebenso ist es denkbar, die Informationen über eine geeignete Webseite zu veröffentlichen. So können auch sporadische Auktionsteilnehmer effizient über die Ergebnisse der Torbelegungsplanung mittels Auktionen informiert werden. Ein Beispiel für ein solches Webportal wurde, wenn auch in einem anderen Kontext, von (Stickel und Furmans 2005b) vorgeschlagen und prototypisch demonstriert.

Im Rahmen dieser Arbeit wurde weiterhin ein Agenten-Framework in Java implementiert, das die dezentrale Steuerung eines CDZ unterstützt. Innerhalb dieses Frameworks können sich autorisierte Agenten über eine Client/Server-Architektur an die Auktionsplattform anbinden, ihre Gebote abgeben und die Allokationslösungen abrufen. Der Datenaustausch wurde mittels *XML (Extensible Markup Language)* über einen standardisierten Apache-Webserver realisiert. Das von diesem verwendete *HTTP (Hypertext Transfer Protocol)* Protokoll liefert die benötigten Schnittstellen zum Ansprechen des Auktionsservers in beliebigen Netzwerken, ebenso ist die Weiterverarbeitung der Daten zur graphischen Darstellung auf einer Webseite problemlos möglich. Abbildung 5.6 stellt die Architektur des entwickelten Systems abschließend dar.

5.5 Zusammenfassung und Fazit

Gegenstand dieses Kapitels war die Entwicklung eines dezentral-heterarchischen Steuerungsverfahrens für Crossdocking-Zentren. Aufbauend auf dem in Kapitel 4 definierten Szenario 2 wurde zunächst die Problemstellung abgegrenzt und die Problematik der nicht vorhandenen Informationsverfügbarkeit und uneindeutigen Entscheidungsgewalt im Vergleich zu Szenario 1 erläutert.

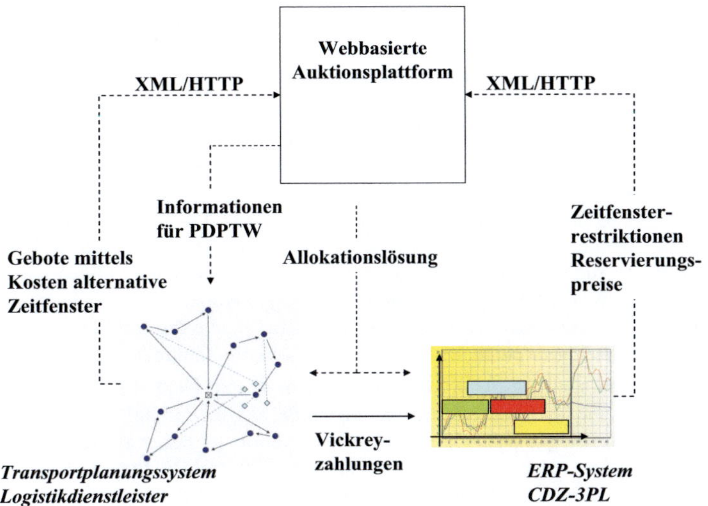

Abbildung 5.6: Systemarchitektur der Auktionsplattform.

Es wurde dargestellt, dass es sich um die Koordination dezentral gefundener Lösungen für unterschiedliche, aber interagierende Planungsbereiche handelt. Dabei fungiert die Torbelegungsplanung der ankommenden Fahrzeuge als Schnittstelle dieser Planungsbereiche (Tourenplanung der Logistikdienstleister und den folgenden Prozessen Ressourcenplanung und Outbound-Tourenplanung des CDZ-3PL). Prinzipiell kann diese Koordination mittels uni-, bi- oder multilateraler Verhandlungen erfolgen. Die multilaterale Verhandlung wurde als beste Möglichkeit hinsichtlich des zu erwartenden Kostensenkungpotenzials identifiziert. Gleichzeitig wurde der Einsatz von kombinatorischen Auktionen als Mechanismus für dezentrale Koordinationsprobleme motiviert und anhand von existierenden Arbeiten aus der Literatur begründet.

Daraufhin wurden die Grundlagen ökonomischer Koordinationsmechanismen vorgestellt und ausführlich auf Eigenschaften einfacher und kombinatorischer Auktionen eingegangen. Einen Schwerpunkt bildete das Winner Determination Problem in kombinatorischen Auktionen, ein ganzzahliges Optimierungsproblem, das zur Bestimmung der Auktionsgewinner gelöst werden muss. Weiterhin wurde für die Bestimmung der nach der Auktion notwendigen Zahlungen die Zweitpreis- oder Vickrey-Auktion bzw. im kombinatorischen Fall der Vickrey-Clarke-Groves-Mechanismus eingeführt. Diese stellt die Anzreizkompatibilität des gesamten Verfahrens sicher. Neben der Anreizkompatibilität wurden weiterhin die Effizienz, die Tractability und ein geringer Kommunikations- und Informationsbedarf als Anforderungen an einen Auktionsmechanismus festgehalten.

Darüberhinaus wurde die Vorgehensweise zur Bestimmung vollständiger Gebote, also der monetären Quantifizierung verschiedener Zeitfensterkombinationen an den Abfertigungsstoren des CDZ ausführlich beschrieben. Das Steuerungsverfahren ist aber prinzipiell kompatibel zu anderen Verfahren der Gebotsermittlung, ein Punkt der bisher in der wissenschaftlichen Bearbeitung des Themas vernachlässigt wurde.

Schließlich konnte mit dem eigentlichen Auktionsdesign begonnen werden. Das Auktionsprotokoll untergliedert sich in die vier Schritte Preprocessing, Winner Determination, Pricing und Übermittlung der Allokationslösung. Im ersten Schritt werden die abgegebenen Gebote aufbereitet. Dabei werden ungültige Gebote ausgeschlossen und den Geboten Dummy-Güter hinzugefügt, um die XOR-Gebote der LDL als OR*-Gebote behandeln zu können. Für die Winner Determination wurden zwei Winner Determination Probleme aufgestellt und Erweiterungsmöglichkeiten aufgezeigt und es wurde unterschieden zwischen dem einfachen CD-WDP und dem CD-WDPRP. Letzteres ist eine Erweiterung des einfachen WDP um Reservierungspreise des CDZ-3PL für bestimmte Zeitfenster. Für die Ermittlung der zu zahlenden Beträge werden die beschriebenen Vickrey-Zahlungen eingesetzt.

Zusammenfassend lässt sich sagen, dass der in diesem Kapitel beschriebene Auktionsmechanismus eine gesamtwohlfahrtsmaximierende, also eine nach Definition 5.1 effiziente Lösung des Torbelegungsplanungsproblems, sowohl in zeitlicher als auch in räumlicher Hinsicht, erreicht. Durch die eingesetzte Zahlungsregel nach Vickrey, in Kombination mit der optimalen Lösung des WDP durch ein Branch-and-Bound Verfahren wird die Anreizkompatibilität sichergestellt. Der Informations- und Kommunikationsaufwand kann als gering bezeichnet werden, auch wenn sich hierfür kein quantitatives Maß definieren lässt. Ob der Mechanismus der geforderten Tractability gerecht wird, ist Gegenstand des folgenden Kapitels 6, in dem die im Rahmen dieser Arbeit entwickelten und vorgestellten Verfahren der zentral-hierarchischen und dezentral-heterarchischen Steuerung für Crossdocking-Zentren evaluiert und verglichen werden.

6 Evaluierung der Steuerungsverfahren

Gegenstand dieses Kapitels ist die Evaluierung der in Kapitel 4 und 5 vorgestellten Verfahren zur operativen Planung und Steuerung von CrossdockingZentren. Um die Bewertung der beiden Verfahren möglichst objektiv durchführen zu können, wird jeweils die Generierung geeigneter Testdaten vorgestellt, welche eine möglichst realitätsnahe Versuchsumgebung abbilden. Die Leistungsfähigkeit und Rechenzeitanforderungen der Verfahren werden von zahlreichen Parametern beeinflusst. Um alle diese Einflüsse und Abhängigkeiten zu untersuchen müsste eine sehr große Zahl an Untersuchungen durchgeführt werden. Daher wurde für jedes Verfahren ein Versuchsplan erstellt, der eine systematische Untersuchung der Einflüsse verschiedener Parameter erlaubt, ohne dass dabei alle Kombinationen getestet werden müssen. Schließlich werden die Ergebnisse der Experimente dargestellt und diskutiert. Abschluss des Kapitels bildet eine kurze Zusammenfassung sowie ein Fazit bezüglich der Stärken und Schwächen beider Verfahren.

6.1 Evaluierung des zentral-hierarchischen Steuerungsverfahrens

Die Aufgabe des zentral-hierarchischen Steuerungsverfahren besteht darin, die im Rahmen des Crossdocking auftretenden logistischen Planungsprobleme simultan zu lösen. Dies entspricht Planungsszenario 2 bei dem alle Aktivitäten einem externen Dienstleister übertragen wurden. Dieser plant sowohl die Sammel- und Verteilfahrten vor und nach dem CDZ, als auch die Torbelegung am CDZ selbst sowie den internen Warenumschlag. Hierzu wurden alle planungsrelevanten Prozesse in einem einzigen Optimierungsmodell modelliert - dem Crossdocking Scheduling Problem (CDSP). Mit Hilfe des exakten Lösungsverfahren Branch-and-Bound kann dann eine optimale Lösung des Optimierungsproblems gefunden werden. Bei mathematischen Optimierungsproblemen die Rechenzeit von größter Bedeutung. Die hohe Komplexität der Optimierungsprobleme kann auch bei impliziten Verfahren wie dem Branch-and-Bound dazu führen, dass die Rechenzeiten den Einsatz in der kurzfristigen Planung und Steuerung verhindern. Die beschriebene Problemsituation des Crossdocking wurde in dieser Arbeit erstmalig ganzheitlich modelliert. Daher lag zwar der Fokus mehr auf einer umfassenden mathematischen Abbildung aller relevanten Teilaspekte und weniger auf der algorithmischen Lösungsproblematik, dennoch ist es von Interesse, die Rechenzeitanforderungen genau zu analysieren, auch um weiteren Arbeiten zu diesem Thema Vergleichswerte zu liefern.

6.1.1 Testdatengenerierung

Die Bewertung mathematischer Verfahren zur Lösung logistischer Probleme ist eng verbunden mit der Erstellung einer geeigneter Datengrundlage. Liegen keine realen Problemdaten vor, so müssen diese generiert werden, da sonst die Verfahren lediglich theoretische Konzepte bleiben, deren realer Nutzen nur abgeschätzt werden kann. Zur vollständigen Evaluierung des CDSP müssen Daten erzeugt werden mit denen die in Abschnitt 4.2.1 beschriebenen Parameter belegt bzw. systematisch variiert werden können. Auf diese Weise können Sensitivitäten und Abhängigkeiten untersucht werden. Die zu generierenden Daten lassen sich grundsätzlich in die Kategorien *Strukturdaten*, *Bedarfsmengen* und *Kostensätze* untergliedern.

Strukturdaten

Strukturdaten beschreiben den physischen Aufbau der Probleminstanz. Dazu gehören in erster Linie die Standortkoordinaten der Netzwerkknoten (Lieferanten, CDZ und Kunden). Aus den Standortkoordinaten, gegeben als x- und y-Werte in einem euklidischen Koordinatensystem, kann direkt die Distanzmatrix des Netzwerkes ermittelt werden. Dies geschieht durch die Berechnung der Euklidischen Distanz d zweier Punkte i und j, für die gilt:

$$d_{ij} = \sqrt{\left|x_i - x_j\right|^2 + \left|y_i - y_j\right|^2} \qquad (6.1)$$

Bei Annahme einer konstanten Geschwindigkeit der verwendeten Fahrzeuge können die ermittelten Distanzen in die benötigten Transportzeiten überführt werden.

Eine Probleminstanz für das CDSP besteht aus insgesamt drei Knotenmengen, denen neben den Standortkoordinaten noch weitere Parameter zugeordnet werden: Die Menge $\mathcal{N}$ der Lieferanten, die Menge $\mathcal{F}$ der Kunden (Filialen) sowie die Knoten d und $\overline{d}$, welche das Crossdocking-Zentrum bzw. das Depot repräsentieren. Jedem Knoten, der einen Lieferanten repräsentiert, muss ein Produkt zugeordnet werden, das von diesem Lieferanten bezogen werden kann.

Außerdem wird jedem Knoten der Menge $\mathcal{N}$ ein Zeitfenster $[a,e]$ zugeordnet, innerhalb dessen die Abholung der Waren erfolgen muss und außerdem eine Servicezeit t_{be}, die die Dauer der Beladung angibt.

Netzwerkknoten, die Kunden darstellen, benötigen neben den Standortkoordinaten weiterhin noch jeweils eines oder mehrere disjunkte Zeitfenster $[a,e]$, in denen die Anlieferung erlaubt ist. Darüberhinaus muss ihnen ein Bedarf an Produkten zugeordnet werden, den es im Rahmen der Planung zu befriedigen gilt. Dabei muss geklärt werden welche Produkte der Kunde nachfragt und in welcher Menge sowie die Dauer der Entladung t_{ent}.

Das CDZ benötigt Parameter zum physischen Aufbau. Diese sind in erster Linie die Anzahl der Abfertigungstore für ankommende und abfahrende Lkw. Da von einem einstufigen Crossdocking-Prozess ausgegangen wird, sind die internen Abläufe für die Planung und Steuerung nicht relevant. Es genügt eine Matrix für den internen Warentransport zu erstellen, um die Zeit für den Transport von Eingangstor p nach q abzubilden. In diesem Wert kann die Zeit zum Umschlag der Waren integriert werden.

Für die vorliegende Problemstellung existieren keine Referenzdatensätze in der Literatur, die zur Evaluierung herangezogen werden können. Jedoch ähneln die benötigten Daten denen, die zur Bewertung von allgemeinen Tourenplanungsproblemen verwendet werden. Im Rahmen dieser Arbeit wurde daher der Ansatz verfolgt, keinen grundlegend neuen Testdatensatz zu generieren, sondern bereits bestehende Datensätze in der Form zu modifizieren, dass die Strukturdaten alle benötigten Parameter enthalten. Diese Modifikation kann dann systematisch beschrieben werden, um auf diese Weise weiteren wissenschaftlichen Arbeiten, die sich mit der Planung und Steuerung von Crossdocking-Zentren beschäftigen, die Möglichkeit zu geben, neue Testdaten zu erzeugen.

Für Tourenplanungsprobleme, insbesondere für solche, die Zeitfenster berücksichtigen, existieren mehrere Standarddatensätze die zur Evaluierung verwendet werden. Die bekanntesten sind die *Solomon*-Datensätze, benannt nach deren Autor Marius Solomon (Solomon 1987). Diese sind im Internet frei verfügbar z.B. unter `http://neo.lcc.uma.es/radi-aeb/WebVRP/`. Solomon hat verschiedene Probleminstanzen erzeugt, die sich in folgenden Eigenschaften unterscheiden: Standortkoordinaten, Anzahl Kunden mit Zeitfenstern sowie Größe und Position der Zeitfenster. Darüberhinaus werden die Probleminstanzen durch die Art der Koordinatenerzeugung unterschieden. Instanzen des R-Typs (Random) werden durch eine Gleichverteilung erzeugt, während die Typen des C-Typs (Clustered) durch eine geographische Gruppierung mehrerer Kunden geprägt sind. Die Instanzen der RC-Klasse bestehen aus einer Mischung geclusterter und zufällig positionierter Kunden. Die Koordinaten der Kunden unterscheiden sich innerhalb eines Typs (R, C, RC) nicht, sondern lediglich in Größe und Position der Zeitfenster. Einige Instanzen haben eher enge Zeitfenster, während andere sehr weite Zeitfenster besitzen und diese daher weniger restriktiv auf die Lösung wirken, gleichzeitig vergrößern sie aber auch den zu durchsuchenden Lösungsraum und dadurch die Komplexität des Problems. Die Datensätze bestehen stets aus einem Depot mit zentraler geographischer Lage und 99 Kunden, für die neben den Standortkoordinaten auch Zeitfenster, Nachfragemenge und Servicezeit gegeben sind. Der Planungshorizont der Solomondatensätze besteht stets aus 240 Zeiteinheiten die i.d.R. als Minuten interpretiert werden.

Man sieht, dass ein Großteil der benötigten Parameter bereits in den Solomondatensätzen enthalten sind, diese also nicht gänzlich neu erzeugt werden müssen. Für die Erzeugung der Strukturdaten zur Evaluierung der Steuerungsverfahren wurde sich der R101 Datensätze von Solomon bedient und dieser wie folgt modifiziert:

- Der Planungshorizont wurde auf 360 Minuten (Zeiteinheiten) erweitert, um mehrere Warenumschläge planen zu können.

- Aus den 100 Knoten werden zufällig Knoten ausgewählt und den Mengen $\mathcal{N}$ oder $\mathcal{F}$ zugeordnet sowie ein Knoten als CDZ.

- Die Zeitfenster der Knoten $f \in \mathcal{F}$ und $n \in \mathcal{N}$ wurden so angepasst, damit diese den vollen Planungshorizont ausnutzen.

- Die Servicezeit aller Knoten $f \in \mathcal{F}$ wird gleich der gewünschten Entladezeit gesetzt; gleiches gilt für die Beladungszeit der Lieferanten.

Bedarfsmengen

Die Kundenknoten $\mathcal{F}$ übernehmen ihre Nachfragemengen grundsätzlich aus den Solomon-datensätzen. Diese Mengen entsprechen Angaben in Tonnen. Da in einem einfachen de-potbezogenen Tourenplanungsproblem nur eine Art von Produkt transportiert werden muss, wird diese Mengenangabe dort nicht mehr weiter unterschieden. Für die Planung des Wa-renumschlages mittels Crossdocking muss jedoch abgebildet werden, dass die Kunden un-terschiedliche Waren von mehreren Lieferanten beziehen möchten und zwar in beliebigen Mengen. Würde jedem Kunden nur ein Lieferant zugeordnet, wäre der Einsatz des CDZ ins-gesamt zu überdenken. Daher müssen die Nachfragemengen systematisch auf verschiedene Produkte aufgeteilt und jedes Produkt je einem Lieferanten zugeordnet werden.

Um abzubilden, dass es unterschiedliche Nachfragehäufigkeiten nach bestimmten Produkten gibt, werden den Lieferanten zunächst nur Produktkategorien zugeordnet, die einem A/B/C-Schema folgen. Dies bedeutet, dass 60% aller Lieferanten jeweils ein C-Produkt liefern, 25% ein B-Produkt und nur 15% der Lieferanten liefern je ein A-Produkt. Die Nachfragemenge der Kunden wird wiederum nach einem A/B/C-Schema aufgeteilt, so dass 80% der Nach-fragemenge ein A-Produkte darstellen, 15% B Produkte und nur 5% Produkte der Klasse C zugeordnet werden. Je nach Anzahl Lieferanten innerhalb eines Crossdocking-Datensatzes wird dann die Nachfragemenge nach Produkten einer bestimmten Kategorie mittels einer Gleichverteilung auf die Lieferanten verteilt. So können zufällige Produktverteilungen er-zeugt und eine systematische Bevorzugung eines Lieferanten durch die Testdatengenerie-rung ausgeschlossen werden. Zum besseren Verständnis soll folgendes Beispiel dienen (vgl. auch Abbildung 6.1):

Ein Kunde hat laut Solomon-Datensatz eine Gesamtnachfragemenge von 10t. Diese wird auf die Produktkategorien A,B und C verteilt, sodass sich eine Nachfrage nach A-Produkten von 8t, nach B-Produkten von 1,5t und nach C-Produkten von 0,5t ergibt. Der Datensatz beinhaltet $n = 25$ Lieferanten, denen jeweils eine Produktkategorie zugeordnet wurde. So er-gibt sich, dass vier Lieferanten A-Produkte (0,15x25) liefern, sechs Lieferanten B-Produkte (0,25x25) und 15 Lieferanten C-Produkte (0,6x25). Die Nachfragemenge nach A-Produkten des betrachteten Kunden von 8t muss nun also anteilig auf die vier A-Lieferanten verteilt werden. Hierzu werden drei gleichwahrscheinliche Zufallszahlen auf dem Intervall [0-8] gezogen. Diese Zufallszahlen geben dann die von dem jeweiligen Lieferanten gewünschten Produkte an. Für die Aufteilung der B-Produkte wird analog vorgegangen. Es werden fünf gleichwahrscheinliche Zufallszahlen auf dem Intervall [0-1,5] gezogen und der Reihe nach den Lieferanten zugeordnet. Entsprechend wird mit den Produkten der C-Lieferanten ver-fahren. Hieraus ergibt sich ein Nachfragevektor $\vec{d_i}$ für jeden Kunden i mit n Elementen aus dem der Bedarf der Güter des Lieferanten n direkt abgelesen werden kann. Alle Vektoren zusammen bilden schließlich die Nachfragematrix $D_{i,n}$ der Kunden (6.2).

$$D_{i,n} = \begin{pmatrix} d_{1,1} & d_{1,2} & d_{1,3} & \cdots & d_{1,n} \\ d_{2,1} & d_{2,2} & d_{2,3} & \cdots & d_{2,n} \\ \vdots & & & & \\ d_{i,1} & d_{i,2} & d_{i,3} & \cdots & d_{i,n} \end{pmatrix} \qquad (6.2)$$

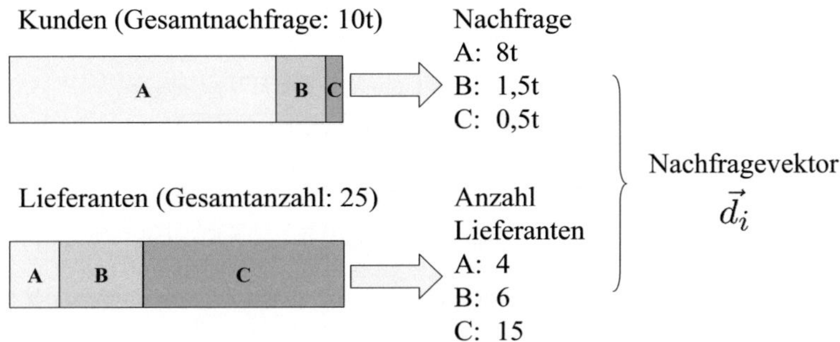

Abbildung 6.1: Erzeugung des Nachfragevektors $\vec{d}_i$.

Kostensätze

Innerhalb des CDSP müssen mehrere Zielkriterien simultan optimiert werden. So muss z. B. die Anzahl benötigter Fahrzeug, die Gesamttourdauer und entstehenden Wartezeiten vor dem CDZ minimiert werden. Dies wird dadurch ermöglicht, dass in der Zielfunktion die Summe aller entstehenden Kosten minimiert wird. Um aber die Kosten, die z. B. durch den Einsatz eines weiteren Fahrzeuges entstehen, berechnen zu können, müssen Kostensätze angesetzt werden. Es ist offensichtlich, dass diese Kostensätze einen Einfluss auf die Lösungssuche haben. Ein extrem hoher Fixkostensatz im Vergleich zu den zeitabhängigen variablen Fahrzeugkosten fördert eher eine Reduktion der Fahrzeuganzahl und von längeren Touren, im umgekehrten Fall wäre der Einsatz vieler Fahrzeuge mit kurzen Touren das Resultat.

Letztlich sind diese Kostensätze im entsprechenden Planungsfall exakt zu ermitteln, um auch tatsächlich eine kostenoptimale Lösung zu ermitteln. Um im Rahmen dieser Arbeit möglichst realitätsnahe Kostensätze anzuwenden wurde sich an veröffentlichte Kostensätze gehalten, wie sie auch zur Angebotspreisbildung im Speditions- oder Logistikdienstleistergewerbe verwendet werden (Wilken 2006, S. 45). Mit Hilfe der dort veröffentlichten Kostensatztabellen für den Transport von Waren bestimmter Gewichte über definierte Distanzen hinweg sowie der dort dargestellten Fahrzeugkostenrechnung im Straßengüterverkehr konnten die für das CDSP relevanten Kostensätze bestimmt werden. Die verbleibenden Kostensätze, wie z. B. Wartekosten und Strafkosten für die Pufferung der Waren, wurden in Rücksprache mit Experten aus den Bereichen Spedition und Logistik abgeschätzt. In Tabelle 6.1 sind die angesetzten Kostenbereiche dargestellt. Auf die konkreten Kostensätze wird im Rahmen der Versuchsplanbeschreibung im folgenden Abschnitt eingegangen. Es muss nochmals ausdrücklich darauf hingewiesen werden, dass im konkreten Anwendungsfall alle Kostensätze für das jeweilige Unternehmen individuell ermittelt werden müssen.

Kategorie	Kostenbereich
Fixkosten Inbound	350 - 390 EUR/Fzg
Variable Kosten Inbound	0,5 - 1,2 EUR/km
Fixkosten Outbound	300 - 350 EUR/Fzg
Variable Kosten Outbound	0,5 - 1,2 EUR/km
Wartekosten	0,4 - 0,6 EUR/min
Warenpufferung	0,3 - 0,5 EUR/min

Tabelle 6.1: Angesetzte Kostenbereiche der Transportplanung im Rahmen der Crossdocking-Steuerung

6.1.2 Versuchsplanung

Nachdem die Datengrundlage zur systematischen Evaluierung des CDSP vorliegt und geeignete Testdaten generiert sowie Kostensätze bestimmt wurden, können Lösungen mittels der implementierten Modells erstellt werden. Um aber Aussagen über das Laufzeitverhalten und die Lösung selbst treffen zu können, müssen die verwendeten Parameter geeignet variiert werden. Alle Parameter in allen Variationskombinationen zu testen, ist aufgrund der Kombinatorik nicht möglich. Daher wurde im Rahmen dieser Arbeit ein sogenannter n^k-Ansatz verfolgt, der aus der statistischen Versuchsplanung bekannt ist. Dabei werden die zu verwendeten Parameter in n Ausprägungsstufen definiert, um mittels eines vollfaktoriellen Versuchsplans Aussagen über den Einfluss der Parameter auf den Untersuchungsgegenstand zu erhalten. Eine sehr gute Einführung in die statistischen Versuchsplanung und Erläuterung weiterer Methoden liefert Scheffler (1997).

Prinzipiell haben alle in Kapitel 4 vorgestellten Parameter einen potenziellen Einfluss auf das Verhalten des CDSP. Um die Parametervariationen übersichtlicher zu gestalten, wurden jeweils Parametergruppen definiert, die immer gemeinsam in definierten Ausprägungsstufen variiert werden. Es handelt sich dabei um die drei Parametergruppen: *Crossdocking-Zentrum*, *Kundenstruktur* und die *Fahrzeugflotte*. Wie schon bei der Darstellung der Notation in Abschnitt 4.2.1, wurden dabei jeweils die für diese Gruppen bestimmenden Parameter zusammengefasst. In einigen Voruntersuchungen wurden bereits die kritischsten Parameter identifiziert. Diese betreffen in erster Linie die Größe des eingesetzten CDZ und der Kundenstruktur. Daher wurden vornehmlich Experimente hinsichtlich dieser Parameter durchgeführt. Weiterhin wurden die Kostensätze der verwendeten Fahrzeugflotte variiert.

Wie in Tabelle 6.2 zu sehen wurde das CDZ in drei Schritten um jeweils zwei Abfertigungstore auf der In- und Outboundseite vergrößert. Ebenso wurde mit der Kundenstruktur verfahren, so dass diese von einer kleinen Probleminstanz von zwei Kunden und zwei Lieferanten auf eine große mit vier Kunden und vier Lieferanten vergrößert wurde. Zusätzlich wurde eine Versuchsreihe durchgeführt, welche die in Abschnitt 2.2.3 beschriebene Einsatzgebiete des Retail-Crossdocking und des Manufacturing-Crossdocking repräsentieren sollen. Die angesetzten Größen der Probleminstanzen sind relativ klein gewählt worden. Umfangreiche Voruntersuchungen haben gezeigt, dass größere Probleminstanzen nicht mehr in akzeptabler Zeit optimal gelöst werden können, hierauf wird jedoch im nächsten Abschnitt ausführlicher

Crossdocking-Zentrum	klein	mittel	groß			3
Anzahl Inbound-Tore	2	4	6			
Anzahl Outbound-Tore	2	4	6			
Kundenstruktur	klein	mittel	groß	Retail	Manufact.	5
Anzahl Kunden	2	3	4	4	2	
Anzahl Lieferanten	2	3	4	2	4	
Warenpufferung	0,4	0,4	0,4	0,3	0,5	
Fahrzeugflotte	leicht	schwer	Zukunft			3
Kapa. Inbound [t]	32	60	60			
Kapa. Outbound [t]	32	60	60			
Fixk. Inbound [EUR]	350	350	390			
Fixk. Outbound [EUR]	300	350	350			
Var.Kosten Inbound [EUR/km]	0,5	0,6	1,2			
Var.Kosten Outbound [EUR/km]	0,5	0,6	1,2			
Wartekosten [EUR/min]	0,4	0,5	0,6			
Anzahl Experimente						45

Tabelle 6.2: Versuchsplanung zentral-hierarchisches Steuerungsverfahren

eingegangen. Schließlich wurde die Transportflotte dahingehend verändert, dass zum einen eine leichte und zum anderen eine schwere Flotte (ausgedrückt durch Kapazität und Fixkosten) untersucht wurde. Außerdem wurde ein zukünftiges Szenario, dass der Entwicklung der Maut- und Treibstoffkosten (ausgedrückt durch erhöhte fixe und variable Kosten) Rechnung trägt, betrachtet.

Da entsprechend der vollfaktoriellen Versuchsplanung jede Variation einer Parametergruppe mit jeder anderen untersucht werden muss, ergibt sich eine Gesamtzahl von 45 durchzuführenden Experimenten. Dabei wurde in jedem Experiment die folgenden Ergebnisse protokolliert:

1. Die Gesamtlaufzeit zur optimalen Lösung des CDSP.

2. Die Anzahl der zu bestimmenden Variablen und zu berücksichtigenden Restriktionen im Rahmen des Branch-and-Bound.

3. Die benötigten Iterationen des Verfahrens.

4. Der Zielfunktionswert (Gesamtkosten).

5. Alle definierten Entscheidungsvariablen.

6.1.3 Ergebnisse

Die Experimente zur Evaluierung des CDSP wurden auf einem Rechner mit AMD Opteron 1,8 Ghz, 3GB Hauptspeicher unter dem Betriebssystem Windows Server 2003 durchgeführt.

Obwohl es sich dabei um einen Dual-Prozessor Rechner handelt, wurde stets nur ein Prozessor zur Berechnung verwendet, da die genutzte Software ILOG OPL Studio 3.6.1 keine Parallelisierung des Berechnungsverfahrens unterstützt.

Die sowohl in Voruntersuchungen als auch in den beschriebenen Experimenten gewonnenen Ergebnisse zeigen, dass sich das Verfahren der zentralen Steuerung nur begrenzt zur operativen Steuerung einsetzen lässt. Die Rechenzeiten sind sehr stark von der Problemstruktur und den gewählten Parametern abhängig. In manchen Fällen konnte eine Lösung in kürzester Zeit ermittelt werden, mit steigender Größe werden die Laufzeiten jedoch immer länger und häufig gelang es dem exakten Verfahren des Branch-and-Bound überhaupt nicht, eine optimale Lösung zu ermitteln. Da der Fokus dieser Arbeit jedoch auf der Modellierung der logistischen Prozesse und vor allem deren vollständigen Interdependenzen liegt, sind die Ergebnisse insofern aussagekräftig, als das zumindest zulässige Lösungen gefunden werden konnten.

Die Gesamtlaufzeiten bis zum Optimalitätsbeweis einer Lösung haben sich wie zu erwarten in strenger Abhängigkeit der Größe des CDZ und der Menge zu bedienenden Kunden und Lieferanten verhalten. Wie in Abbildung 6.2 deutlich zu erkennen ist, steigen die Rechenzeitanforderungen überproportional mit der Anzahl Kunden (Kundenstruktur 1-3) und der Größe des CDZ (CDZ 1-3). Kundenstrukturen 4 und 5 zeigen hingegen ein moderates Wachstum der Rechenzeit, was damit begründet werden kann, dass der Lösungsraum wesentlich weniger Kombinationsmöglichkeiten besitzt.

Bereits der Warenumschlag an einem Crossdocking-Zentrum mit jeweils sechs Abfertigungstoren für ankommende und abfahrende Lkw, die Waren von vier Lieferanten geholt und wiederum zu vier Kunden gebracht werden, weist bereits Laufzeiten von über drei Stunden auf. Der immense Sprung in den Laufzeiten ist mit der drastischen Erhöhung der Komplexität in der Tourenplanung zu erklären. Es konnte daher darauf verzichtet werden weitere Laufzeituntersuchungen für größere Probleminstanzen vorzunehmen, da in den meisten Fällen das Branch-and-Bound-Verfahren nicht terminierte und keine Lösung generieren konnte. Die Zunahme in der Komplexität lässt sich gut an der Anzahl zu bestimmender Variablen und zu berücksichtigender Restriktionen zeigen. Wie in Abbildung 6.3 zu sehen, müssen mit zunehmender Kundenstrukturgröße und CDZ-Größe überproportional mehr Variablen gelöst werden. Überraschend ist, dass für die Kundenstrukturen 4 und 5, die Anzahl zu lösender Variablen kaum geringer ausfällt, jedoch die Gesamtlaufzeit zur Berechnung wesentlich geringer ist als für Kundenstruktur 3.

Tabelle 6.3 zeigt die Entwicklung der einzelnen Kostenkomponenten. Auf der Inbound-Seite wurde nie mehr als ein Fahrzeug eingesetzt. Die Kunden wurden in manchen Experimenten auch mit zwei Fahrzeugen beliefert, was sich in erhöhten Fixkosten zeigt. Da die Zeitfenster der Lieferanten groß gewählt wurden, kam es zu keinen Wartekosten bei der Warenabholung, jedoch entstanden durchaus Wartekosten bei der Warenauslieferung an die Kunden. Die erhöhten variablen Kosten für Experimente mit Flottenstruktur 3 zeigen keine nennenswerte Effekte in der Tourenplanung. Dies ist aber hauptsächlich dadurch zu begründen, dass die geringe Anzahl eingesetzter Fahrzeuge, keinen großen Spielraum lässt um weitere Optimierungen in der Tourenplanung vorzunehmen. Zusammenfassend kann festgehalten werden, dass die Fixkosten für den Einsatz eines Lkw die variablen Kosten für die Dauer des Einsatzes dominieren.

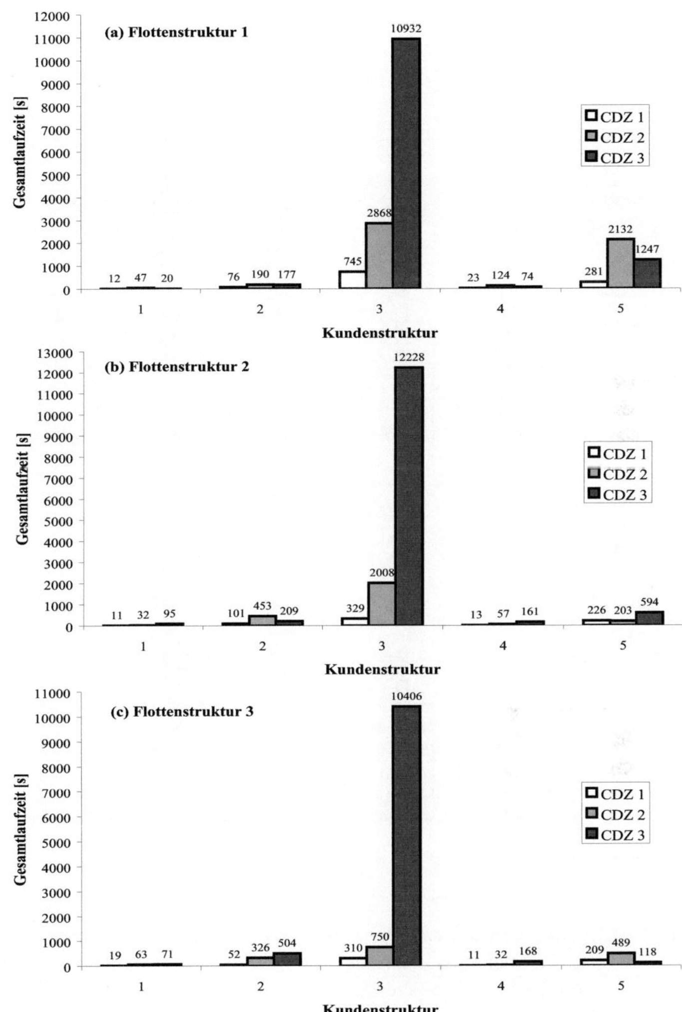

Abbildung 6.2: Gesamtlaufzeiten in Abhängigkeit der Kundenstruktur und CDZ-Größe: (a), (b), (c) zeigen jeweils die Ergebnisse für unterschiedliche Flottenstrukturen.

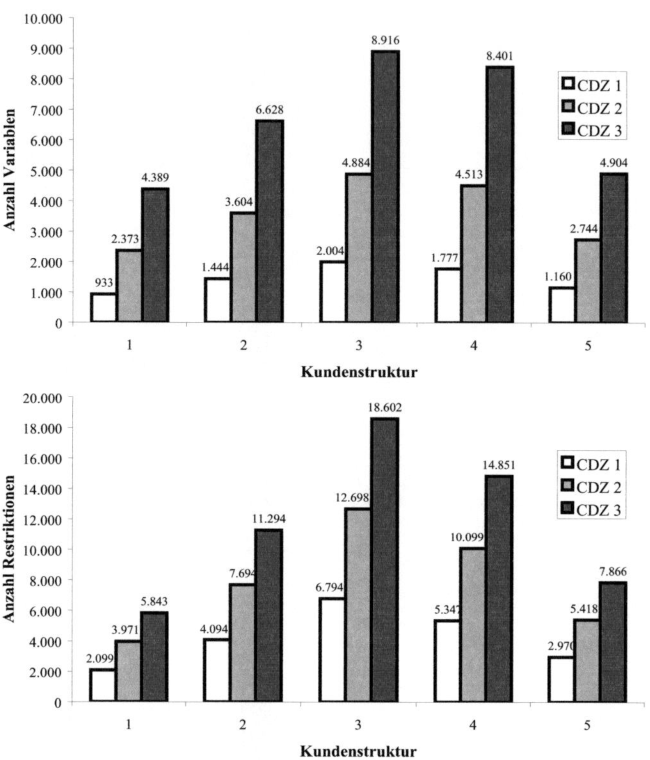

Abbildung 6.3: Anzahl zu lösender Variablen und zu erfüllender Restriktionen in Abhängigkeit der Kundenstruktur und CDZ-Größe. Die Flottenstruktur hat keinen Einfluss auf diese Werte

CDZ	Kunden	Flotte	O-F	O-V	O-W	I-F	I-V	I-W
1	1	1	600	64,6	6,0	350	39,3	0
2	1	1	600	64,6	6,0	350	39,3	0
3	1	1	600	64,6	6,0	350	39,3	0
1	2	1	600	77,8	6,0	350	39,3	0
2	2	1	600	77,8	0,0	350	39,3	0
3	2	1	600	66,2	7,7	350	39,3	0
1	3	1	600	68,0	29,7	350	43,4	0
2	3	1	600	68,0	23,7	350	43,4	0
3	3	1	600	68,0	29,7	350	43,4	0
1	4	1	600	64,6	6,0	350	43,4	0
2	4	1	600	64,6	6,0	350	43,4	0
3	4	1	600	64,6	2,0	350	43,4	0
1	5	1	600	81,2	27,7	350	39,3	0
2	5	1	600	87,3	7,7	350	39,3	0
3	5	1	600	68,0	23,7	350	39,3	0
1	1	2	700	64,6	7,5	390	39,3	0
2	1	2	700	64,6	7,5	390	39,3	0
3	1	2	700	64,6	0,0	390	39,3	0
1	2	2	700	66,2	9,6	390	39,3	0
2	2	2	700	77,8	0,0	390	39,3	0
3	2	2	700	66,2	9,6	390	39,3	0
1	3	2	700	73,4	42,9	390	43,4	0
2	3	2	700	68,0	37,1	390	43,4	0
3	3	2	700	73,4	42,9	390	43,4	0
1	4	2	700	64,6	7,5	390	43,4	0
2	4	2	700	64,6	7,5	390	43,4	0
3	4	2	700	64,6	7,5	390	46,4	0
1	5	2	700	68,0	29,6	390	39,3	0
2	5	2	700	79,7	20,4	390	39,3	0
3	5	2	700	81,2	42,1	390	39,3	0
1	1	3	700	64,6	0,0	390	39,3	0
2	1	3	700	64,6	9,0	390	39,3	0
3	1	3	700	64,6	3,0	390	39,3	0
1	2	3	700	66,2	11,6	390	39,3	0
2	2	3	700	77,8	0,0	390	39,3	0
3	2	3	700	66,2	20,5	390	39,3	0
1	3	3	700	68,0	35,5	390	43,4	0
2	3	3	700	68,0	44,5	390	51,0	0
3	3	3	700	79,7	12,5	390	44,2	0
1	4	3	700	64,6	9,0	390	43,4	0
2	4	3	700	64,6	9,0	390	43,4	0
3	4	3	700	64,6	9,0	390	43,4	0

Fortsetzung nächste Seite

		Fortsetzung						
CDZ	Kunden	Flotte	O-F	O-V	O-W	I-F	I-V	I-W
1	5	3	700	79,7	12,5	390	39,3	0
2	5	3	700	79,7	24,5	390	39,3	0
3	5	3	700	68,0	44,5	390	39,3	0

Tabelle 6.3: Entwicklung der Kostenkomponenten im CDSP: Dargestellt sind die Komponenten der fixen Kosten (F), variablen Kosten (V) und der Wartekosten (W), jeweils für die Inbound (I) und die Outbound (O) Tourenplanung. Angaben jeweils in EUR.

Die Evaluierung des zentral-hierarchischen Verfahrens kann nur mit Einschränkungen schließend vorgenommen werden. Es muss festgehalten werden, dass die Laufzeiten zur Berechnung einer Lösung zu lange sind und große Probleminstanzen überhaupt nicht gelöst werden konnten, was einen Einsatz des Verfahrens - in seiner jetzigen Form - in der Praxis unwahrscheinlich werden lässt. Die simultane Optimierung aller logistischen Prozesse lässt die Komplexität der Problemstellung so stark ansteigen, dass ein standardisiertes, exaktes Lösungsverfahren versagt.

Dies bedeutet jedoch nicht, dass die in Szenario 1 definierte Planungssituation unlösbar ist. Die vorgestellte Modellierung konnte alle relevanten logistischen Prozesse abbilden. Dies kann als Grundlage dafür dienen, weitere Arbeiten auf dem Gebiet der operativen Steuerung von Crossdocking-Zentren vergleichbar zu machen, da je nach Anwendungsfall Teile der Modellierung weggelassen werden können oder eventuelle weitere anwendungsspezifische Gesichtspunkte mit aufgenommen werden können. Schließlich können mit der vorgestellten Modellierung leistungsfähige Heuristiken entwickelt werden, die das Planungsproblem zwar nicht zum bewiesenen Optimum lösen, jedoch praktikable Lösungen in praxistauglicher Laufzeit ermitteln können.

6.2 Evaluierung des dezentral-heterarchischen Steuerungsverfahrens

Bevor mit der Evaluierung des dezentral-heterarchischen Steuerungsverfahrens begonnen werden kann, müssen zunächst weitere Testdaten generiert werden. Da es sich um einen Auktionsmechanismus handelt, soll in erster Linie das Verhalten des Mechanismus hinsichtlich Laufzeit und Lösungsgüte bewertet werden. Weiterhin sind die Faktoren, die diese Werte beeinflussen, zu identifizieren und zu untersuchen.

6.2.1 Testdatengenerierung

In Abschnitt 5.3 wurde eine Vorgehensweise zur vollständigen Gebotsermittlung dargelegt. Diese beschreibt, wie die an der Auktion teilnehmenden Logistikdienstleister ihren Nutzen

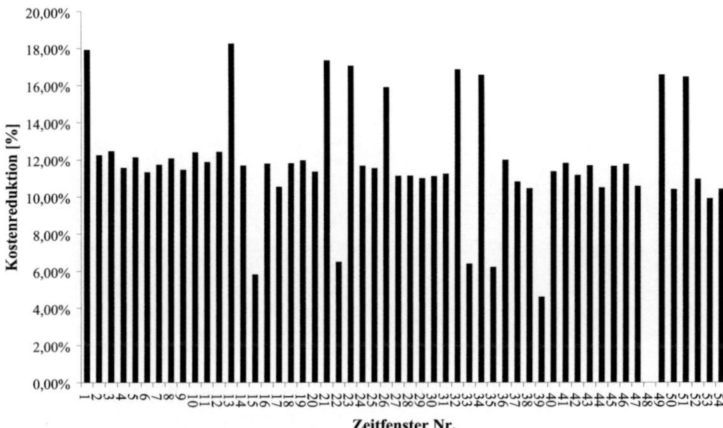

Abbildung 6.4: Beispiel für die Auswirkung der Zeitfensterallokation am CDZ: Experimentell konnten für verschiedene Planungssituationen eines LDL die resultierenden Kosten des PDPTW ermittelt werden. Dargestellt ist die prozentuale Kostenreduktionen im Vergleich zum Maximalwert (Zeitfenster Nr. 48).

von verschiedenen Allokationslösungen in Form von Geboten darstellen können. Für den Auktionsmechanismus selbst ist die Art der Gebotsermittlung unerheblich, jedoch nicht für die Ergebnisse der Zeitfensterallokation.

Um einheitliche Testdaten zu erhalten wurden analog zu Abschnitt 6.1.1 Testdaten erzeugt, die die Planungssituation aus Sicht eines LDL abbilden. Dieser hat eine Reihe von Sammel- und Verteilaufträgen zu erfüllen, wovon einer der für den Crossdocking-Prozess benötigte Transport von Waren von einem Lieferanten zum CDZ ist. Die in Abschnitt 5.1.1 beschriebenen Einflüsse der Zeitfenstervergabe auf die Kosten des LDL ließen sich experimentell sehr gut bestätigen. Dabei wurde für ein gegebenes Planungsszenario mittels einer Heuristik ein Tourenplan erstellt, der alle notwendigen zeitlichen und räumlichen Restriktionen berücksichtigt und somit eine Lösung des zugrunde liegenden PDPTW erzeugt. Anschließend konnte mit Hilfe der definierten Kostensätze die dazugehörigen Gesamtkosten berechnet werden. Danach wurde wie in Abschnitt 5.3 beschrieben, die Zeitfenster sukzessive um definierte Inkremente verschoben, um so die Auswirkung einer Zeitfensterallokation kostenmäßig zu bestimmen. Abbildung 6.4 zeigt das Ergebnis eines Experiments.

Liegen die Kosten für alle Zeitfensteralternativen vor, so können wie beschrieben die Gebote berechnet werden. Die durchgeführten Experimente zur Gebotsermittlung haben ergeben, dass ein erhebliches Kostensenkungspotenzial durch die richtige Wahl des Zeitfensters ausgeschöpft werden kann. Wie in Abbildung 6.4 zu sehen, beläuft sich die maximale Kostenersparnis auf 18,24%, die durchschnittliche liegt bei 11,60%. Es wurden insgesamt drei Experimenteserien mit gänzlich unterschiedlichen Parameterkonfigurationen durchgeführt.

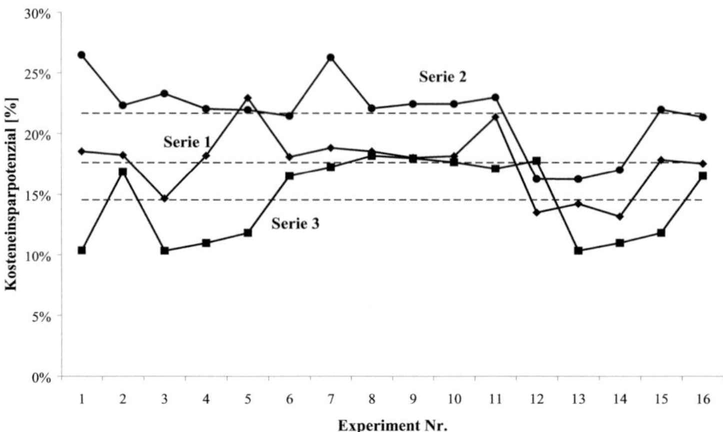

Abbildung 6.5: Durchschnittswerte der maximal möglichen Kostenersparnis durch eine verbesserte Zeitfensterwahl: Dargestellt sind drei Serien mit unterschiedlichen Parameterkonfigurationen. Die jeweils gestrichelte Linie zeigt den Durchschnittswert an.

Die Durchschnittswerte der maximal möglichen Kosteneinsparungen haben sich jedoch stets ähnlich verhalten (siehe Abbildung 6.5).

Die aus den Experimentenserien gewonnen Kosten- und Gebotswerte wurden daraufhin zum Testen des Auktionsmechanismus verwendet und es wurde für jeden an der Auktion teilnehmenden Bieter ein zufälliger Gebotswert aus den erzeugten Geboten mit Hilfe einer Gleichverteilung gezogen.

Auf diese Weise können Gebote einer bestimmten Gebotsstruktur (Gebotsstruktur 1) generiert werden. Um auch die Auswirkung weiterer Gebotsstrukturen untersuchen zu können wurden für die Experimente noch zwei weitere Gebotsstrukturen erzeugt.

Im einen Fall (Gebotsstruktur 2) wurde die Gebotserzeugung insoweit geändert, dass die Gebote nicht mehr in Bezug zum Maximalwert gesetzt wurden, sondern nur noch die Differenz zum Mittelwert der Verteilung berechnet wurde. Dadurch ergaben sich in den Geboten wesentlich mehr Nullwerte, da alle negativen Differenzen gleich Null gesetzt wurden. Dies entspricht dem Verhalten eines Logistikdienstleisters, der als schlechtesten Fall die zu erwartenden Kosten bei zufälliger Vergabe eines Zeitfensters betrachtet. Diese zu erwartenden Kosten entsprechen dem Mittelwert der zuvor generierten Kostenverteilung.

Im dritten und letzten Fall der Gebotserzeugung (Gebotsstruktur 3) sollte die Situation abgebildet werden, dass alle Bieter die Zeitfenster im ersten Drittel des Planungszeitraumes bevorzugen. Hierdurch kann untersucht werden, wie sich der Auktionsmechanismus verhält, wenn sich die Konkurrenz um bestimmte Ressourcen erhöht. Eine Bevorzugung bestimmter Zeitfenster geht einher mit einer Erhöhung des jeweiligen Gebotswertes. Um dies in den Testdaten abzubilden wurde die oben beschriebene Gebotsstruktur 1 gewählt und alle Gebote, die für Zeitfenster im ersten Drittel des Tages erzeugt wurden, verdoppelt.

6.2.2 Versuchsplanung

Für die Evaluierung des Auktionsmechanismus muss ermittelt werden, in welchem Umfang welche Parameter Einfluss haben. Im Falle der Zeitfenstervergabe an einem CDZ sind dies alle in Kapitel 5 genannten Parameter für das CDWDP-RP. Diese sind:

1. Die Anzahl der Zeitfenster $|\mathcal{V}|$ pro Abfertigungstor p. Diese ergibt sich stets aus

$$|\mathcal{V}| = \frac{Planungshorizont}{Zeitfensterbreite}$$

   Unterstellt man, dass sich der reale Planungshorizont nicht verlängert, so ist eine Erhöhung der verfügbaren Zeitfenster nur durch eine Verringerung der Zeitfensterbreiten zu erreichen. Dies ist gleichbedeutend mit einer feineren Rasterung des Tages, wodurch genauere Pläne ermöglicht werden.

2. Die Anzahl der Bieter $|I|$.

3. Die Anzahl verfügbarer Abfertigungstore $|\mathcal{P}_I|$. Diese kann für jedes Zeitfenster v variiert werden.

4. Die Gesamtanzahl aller Gebote $|\mathcal{J}|$. Diese wird errechnet aus

$$|\mathcal{J}| = |I| * (|\mathcal{V}| - S + 1)$$

   mit $S =$ Anzahl benötigter Zeitfenster pro Bieter (Servicezeit).

5. Höhe und Umfang der Reservierungspreise

6. Gebotsstruktur

Um eine überschaubare Anzahl durchzuführender Experimente zu erhalten, wurden für jeden Parameter relevante Werte festgelegt. Die möglichen Kombinationen aus allen Parameterwerten ergeben somit die Anzahl benötigter Experimente. Die Parameterwerte im Einzelnen sind in Tabelle 6.4 zusammenfassend dargestellt. Die Anzahl teilnehmender Bieter wurde um je fünf Bieter, von 5 bis 35 erhöht. Die von jedem Bieter benötigte Servicezeit wurde ebenfalls variiert. Dies wird ausgedrückt durch die Anzahl benötigter Zeitfenster eines Bieters. Um zu untersuchen wie sich eine Verfeinerung des Zeitrasters auf die Rechenzeit auswirkt, wurde die Anzahl verfügbarer Zeitfenster von anfangs 12 pro Planungsperiode (1 ZF = 30 min) auf bis zu 72 (1 ZF = 5 min) erhöht. Die Anzahl verfügbarer Abfertigungstore wurde in sechs Schritten um je 5 Tore von 5 auf 35 erhöht, um den Einfluss unterschiedlicher Größen des CDZ zu untersuchen. Schließlich wurden alle Parameterkombinationen einmal mit und einmal ohne Reservierungspreise getestet.

	1	2	3	4	5	6	7 || Anzahl
Anzahl Bieter	5	10	15	20	25	30	35 || 7
benötigte Zeitfenster	2	3	4				|| 3
Anzahl Zeitfenster	12	18	36	72			|| 4
Anzahl Abfertigungstore	5	10	15	20	25	30	35 || 6
Reservierungspreise	Ja	Nein					|| 2
Gebotsstruktur	1	2	3				|| 3
Anzahl Experimente							|| 3024

Tabelle 6.4: Versuchsplanung dezentral-heterarchisches Steuerungsverfahren

Aus Tabelle 6.4 ist ersichtlich, dass insgesamt 3024 Experimente durchgeführt werden müssen, um alle Einflussfaktoren quantitativ zu untersuchen. Dabei wurde für jeden Parameter systematisch die in der Tabelle angegeben Werte eingesetzt. Für jedes Experiment wurden die folgenden Werte protokolliert:

1. Die Gesamtlaufzeit bis zur Bestimmung einer Allokation inklusive der Vickrey-Zahlungen

2. Die entstehende Gesamtwohlfahrt G^*

3. Die Vickrey-Zahlung Z_i^{VCG} jedes Bieters sowie die um diesen Bieter reduzierte Gesamtwohlfahrt $G^*_{\backslash i}$

4. Die Allokationslösung: Auktionsgewinner, Nummer des zugewiesenen Abfertigungstor und die Zeitfenster

6.2.3 Ergebnisse

Die in den Experimenten gewonnenen Ergebnisse zeigen, dass sich das Verfahren der dezentral-heterarchischen Steuerung mittels kombinatorischer Auktionen sehr gut eignet, um im operativen Betrieb eingesetzt zu werden. Im Folgenden werden zunächst die Ergebnisse hinsichtlich der Gesamtlaufzeiten vorgestellt. Anschließend wird die Entwicklung der Gesamtwohlfahrt präsentiert und im Zusammenhang mit den resultierenden Vickrey-Zahlungen diskutiert.

Gesamtlaufzeiten

Die Gesamtlaufzeit eines Experiments entstand aus der Summe der Zeit zur Bestimmung der Allokation selbst und allen Zeiten, die für die Kalkulation der Vickrey-Zahlungen benötigt wurden. Insgesamt lässt sich festhalten, dass sich die Gesamtlaufzeiten aller Experimente weit unterhalb der 3600 s-Marke befanden und somit keine Parameterkonfiguration über eine Stunde Rechenzeit in Anspruch nahm. Der Großteil aller Berechnungen konnte im Sekundenbereich abgeschlossen werden, wodurch ein Einsatz im operativen Planungsbereich ermöglicht wird.

Die Rechenzeit hat sich dabei als direkte Abhängige der Anzahl der Bieter, der benötigten Zeitfenster und der verfügbaren Abfertigungstore erwiesen. Dies war auch zu erwarten, da diese drei Parameter die Größe des Lösungsraumes bestimmen und je größer der Lösungsraum ist, desto länger benötigt das zugrunde liegende Branch-and-Bound-Verfahren zur Ermittlung der optimalen Lösung.

Abbildung 6.6 zeigt die Entwicklung der Gesamtlaufzeiten. Es wird deutlich, dass mit zunehmender Anzahl Bieter die Gesamtlaufzeiten steigen. Dies ist u. A. mit der häufigeren Berechnung der Vickrey-Zahlung Z_i^{VCG} jedes Bieters sowie die um diesen Bieter reduzierte Gesamtwohlfahrt $G^*_{\setminus i}$ zu erklären. Der Einfluss des Parameters Bieteranzahl schlägt sich jedoch erst dann drastisch in der Gesamtlaufzeit des Verfahrens nieder, wenn gleichzeitig die Anzahl verfügbarer Zeitfenster erhöht wird. In den Graphiken (a)-(c) tritt deutlich das exponentielle Wachstum der Gesamtlaufzeit zum Vorschein. Da in allen kombinatorischen Auktionen die Tractability von der Anzahl Bieter und der Anzahl der zu versteigernden Güter abhängt, war dies auch zu erwarten. Noch stärker tritt das Wachstum der Gesamtlaufzeit hervor, wenn die Anzahl der Abfertigungstore erhöht wird. Dies unterstreicht die Validität der Modellierung, da eine Verdopplung der verfügbaren Tore gleichzeitig eine Verdopplung der verfügbaren Zeitfenster bedeutet. Das Laufzeitverhalten selbst verändert sich jedoch nicht. Nach wie vor ist exponentielles Wachstum zu beobachten. Die längste Gesamtlaufzeit ist demnach bei 35 Bietern, 72 Zeitfenstern und 30 Abfertigungstoren zu beobachten (Teilgraphik (c), 2601 Sekunden), die geringste bei 5 Bietern, 12 Zeitfenstern und nur 5 Abfertigungstoren, bei der die Gesamtlaufzeit unter einer Sekunde betrug.

Tabelle 6.5 zeigt zusammenfassend die Eckdaten weiterer Experimente. Das exponentielle Wachstum ar stets zu beobachten. Die veranschlagte Servicezeit pro Bieter (Anzahl benötigter Zeitfenster) hatte dabei keinen signifikanten Einfluss auf die Rechenzeit. Tendenziell war sogar ein Verkürzung der Gesamtlaufzeit zu beobachten. Dies lässt sich damit erklären, dass eine Erhöhung der benötigten Zeitfenster den Lösungsraum einschränkt. Wenn jeder Bieter mehr Zeitfenster erhalten muss, existieren schlicht weniger Möglichkeiten, die verfügbaren Zeitfenster auf die Bieter zu verteilen.

Bieter	Servicezeit	Zeitfenster	Tore	Gesamtlaufzeit [s]
5	2	12	5	0,85
5	3	12	5	0,37
5	4	12	5	0,36
10	2	18	5	2,57
10	3	18	5	2,62
10	4	18	5	2,57
20	2	36	5	42,00
20	3	36	5	41,92
20	4	36	5	42,04
35	2	72	5	666,00
35	3	72	5	671,84
35	4	72	5	670,34

Fortsetzung nächste Seite

Fortsetzung				
Bieter	Servicezeit	Zeitfenster	Tore	Gesamtlaufzeit [s]
5	2	12	5	0,88
5	3	12	5	0,78
5	4	12	5	0,78
10	2	18	5	6,23
10	3	18	5	5,89
10	4	18	5	5,94
20	2	36	5	90,81
20	3	36	5	90,31
20	4	36	5	93,33
35	2	72	5	1459,54
35	3	72	5	1341,93
35	4	72	5	1334,03
5	2	12	30	1,59
5	3	12	30	1,48
5	4	12	30	1,48
10	2	18	30	11,95
10	3	18	30	11,43
10	4	18	30	11,76
20	2	36	30	170,41
20	3	36	30	169,624
20	4	36	30	175,90
35	2	72	30	2601,36
35	3	72	30	2374,86
35	4	72	30	2399,53

Tabelle 6.5: Übersicht der Gesamtlaufzeiten weiterer Experimente: Unabhängig von der Anzahl benötigter Zeitfenster (Servicezeit) wächst die Gesamtlaufzeit exponentiell an. Alle Gesamtlaufzeiten sind jedoch kurz genug um im operativen Planungsbetrieb eingesetzt zu werden.

Gesamtwohlfahrt und Vickrey-Zahlungen

Nachdem die Laufzeituntersuchungen gezeigt haben, dass trotz der Komplexität des CD-WDP Allokationslösungen ermittelt werden können, die einen operativen Einsatz ermöglichen, ist es von Interesse, die Entwicklung der Gesamtwohlfahrten der Auktion zu untersuchen. Gleichzeitig sind die damit verbunden Vickrey-Zahlungen wichtig, um den Einzelnutzen eines Auktionsteilnehmers bewerten zu können.

Die Gesamtwohlfahrt der Auktion ist als summierter Nutzen aller Bieter definiert. Dies bedeutet, dass eine positive Gesamtwohlfahrt einem positiven Nutzen für alle Bieter gleichkommt. Einzige Ausnahme wäre ein Fall, in dem ein Bieter kein Zeitfenster alloziert be-

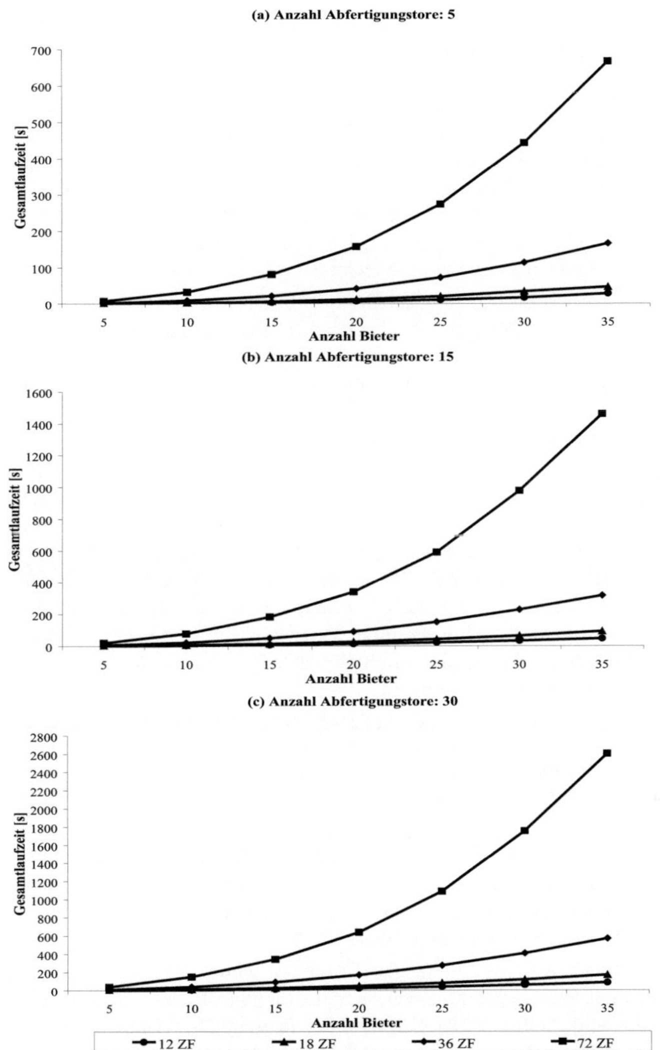

Abbildung 6.6: Gesamtlaufzeiten in Abhängigkeit der Anzahl Bieter und für eine steigende Menge an verfügbaren Zeitfenstern: (a) zeigt die Ergebnisse für fünf Abfertigungstore, (b) für 15 und (c) für 30. In allen Experimenten wurden je 2 Zeitfenster von jedem Bieter benötigt.

käme, da dann der Einzelnutzen dieses Bieters gleich Null wäre. Obwohl dies aufgrund der Versuchsplanung nicht auszuschließen ist, so kann es doch für den realen Betrieb eines CDZ als irrelevant angesehen werden. Würde ein LDL kein Zeitfenster zugeordnet bekommen, könnte er keine Waren an das CDZ liefern und der gesamte CDZ-Prozess würde nicht funktionieren. Dies kann aber nur dann vorkommen, wenn es zu einer Überlastung des CDZ käme (Auslastung größer 100%). In diesem Fall würde jedwedes Steuerungsverfahren versagen, da nicht mehr Zeitfenster vergeben werden können, als zur Verfügung stehen. Im Falle einer Auslastung kleiner 100% kann dies jedoch nicht vorkommen, da auch das Zeitfenster mit dem geringsten individuellen Nutzen eines Bieters, ihm trotzdem keinen wirtschaftlichen Schaden zufügen könnte, d. h. keinen negativen Nutzen für ihn darstellen kann (Nichtnegativität der Gebote, vgl. Abschnitt 5.3).

Betrachtet man die Entwicklung der Gesamtwohlfahrt in Abhängigkeit der Versuchsparameter, so fällt auf, dass insbesondere die Gebotshöhen, die Anzahl der verfügbaren Zeitfenster und die Anzahl der Bieter die Gesamtwohlfahrt erhöhen. Weiterhin ist festzustellen, dass eine für eine Erhöhung der verfügbaren Abfertigungstore keine signifikante Gesamtwohlfahrtssteigerung zu beobachten ist.

Da sich die Gesamtwohlfahrt aus der Summe der Gebote für das jeweils allozierte Zeitfenster ergeben, führt eine Erhöhung des durchschnittlichen Gebotswertes auch zu einer Erhöhung der daraus resultierenden Summe. Gleichzeitig steigt die Gesamtwohlfahrt direkt proportional zur Anzahl der Bieter. Je mehr Bieter ein bestimmtes Zeitfenster wollen und dieses auch zugewiesen bekommen, desto höher fällt selbstverständlich auch die daraus resultierende Gesamtsumme der akzeptierten Gebote aus. Bei gleicher Anzahl Bieter steigt die Gesamtwohlfahrt ebenfalls wenn die Anzahl verfügbarer Zeitfenster erhöht wird. Dies ist in jeder Auktion für mehrere Güter zu erwarten, da je mehr Zeitfenster vorhanden sind, desto größer ist die Wahrscheinlichkeit, dass alle Bieter auch ihr „Wunschzeitfenster", also das mit dem höchsten Gebot alloziert bekommen.

Abbildung 6.7 zeigt die Entwicklung der Gesamtwohlfahrt in Abhängigkeit der Anzahl Bieter und für eine steigende Menge an Zeitfenstern. Der lineare Zusammenhang zwischen der Bieteranzahl und der Gesamtwohlfahrt ist deutlich zu erkennen. Zu beachten ist das stark unterschiedliche Niveau der Wohlfahrten in den Teilabbildungen (a) und (b). Dies ist dadurch zu erklären, dass (a) und (b) jeweils die Ergebnisse unterschiedlicher Gebotsstrukturen abbilden. Im Fall (a) wurden die Gebotsstruktur 1 verwendet, während in Fall (b) sich bei der Gebotsbildung nur auf den Mittelwert bezogen wurde, was zu einem deutlich geringeren durchschnittlichen Gebotswert geführt hat (Gebotsstruktur 2), da nun deutlich mehr Geboten kein Nutzen zugesprochen wurde (Wert Null).

Sobald von jedem Bieter ein Angebot akzeptiert wurde, kann eine Steigerung der Gesamtwohlfahrt nur noch erreicht werden, in dem von mehr Bietern das jeweilige Maximalgebot akzeptiert wird. Selbstverständlich ist dies nur möglich, wenn die Anzahl der zu versteigernden Güter erhöht wird. Wie bereits in Abbildung 6.7 dargestellt, tritt dieser Effekt bei einer Erhöhung der verfügbaren Zeitfenster pro Abfertigungstor auf. Gleichzeitig ist dies durch eine Erhöhung der vorhanden Abfertigungstore zu erreichen. Hier ist zu berücksichtigen, dass im Falle der CDZ-Steuerung von allen Bietern genau ein Gebot akzeptiert werden muss. Zu Testzwecken wurde in einem Experimentenlauf die Anzahl verfügbarer Tore weiter reduziert, um zu zeigen, dass die Gesamtwohlfahrt sinkt (Abbildung 6.8).

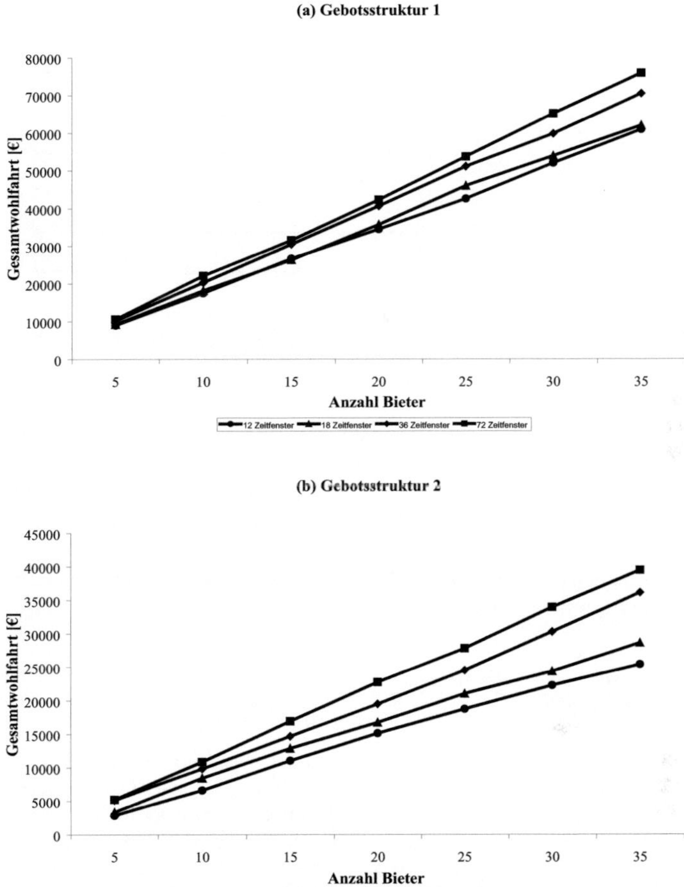

Abbildung 6.7: Gesamtwohlfahrt der Auktion in Abhängigkeit der Anzahl Bieter und für eine steigende Menge an verfügbaren Zeitfenstern: (a) und (b) zeigen Ergebnisse für unterschiedliche Gebotsstrukturen, wobei die durchschnittliche Gebotshöhe in (a) (Gebotsstruktur 1) größer ist als in (b) (Gebotsstruktur 2). In allen Experimenten wurden je 2 Zeitfenster von jedem Bieter benötigt und es standen 10 Abfertigungstore zur Verfügung.

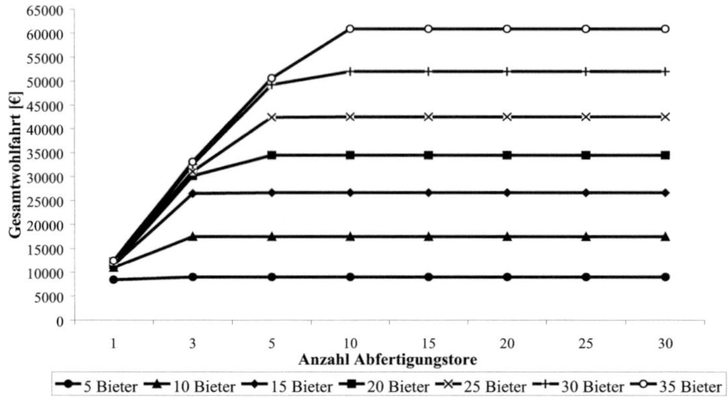

Abbildung 6.8: Gesamtwohlfahrt der Auktion in Abhängigkeit der Anzahl verfügbarer Abfertigungstore und steigender Anzahl Bieter bei 12 verfügbaren Zeitfenstern pro Abfertigungstor: Deutlich zu erkennen ist der starke Anstieg bei sehr wenigen Abfertigungstoren.

Die Auslastung ρ des CDZ kann als Quotient der insgesamt verfügbaren und der benötigten Zeitfenster dargestellt werden:

$$\rho = \frac{\text{benötigte ZF}}{\text{verfügbare ZF}} = \frac{\sum_I Servicezeit_i}{|\mathcal{V}| * |\mathcal{P}I|} = \frac{|I| * S}{|\mathcal{V}| * |\mathcal{P}I|}$$

Abbildung 6.9 zeigt den theoretischen Verlauf der Auslastung in Abhängigkeit der verfügbaren Tore und für unterschiedliche Bieter. In diesem Beispiel benötigt jeder Bieter zwei Zeitfenster und pro Abfertigungstor stehen 12 Zeitfenster zur Verfügung. Je mehr Bieter abgefertigt werden müssen und je weniger Tore zur Verfügung stehen, desto näher ist die Auslastung des CDZ nahe der Grenze (waagerechte gestrichelte Linie). Erst mit fünf verfügbaren Toren kann sichergestellt werden, dass alle Bieter ein Zeitfenster bekommen (senkrechte gestrichelte Linie, Ausnahme: 35 Bieter). Dementsprechend kann der starke Anstieg der Gesamtwohlfahrt in Abbildung 6.8 damit erklärt werden, dass in diesem Bereich die Auslastung größer 100% war. Der darauffolgende leichte Anstieg lässt sich durch eine optimierte Allokation erklären. Mit 10 Abfertigungstoren stehen so viele Zeitfenster zur Disposition, dass alle Bieter stets ihr optimales Zeitfenster bekommen und somit die Gesamtwohlfahrt nicht mehr gesteigert werden kann.

Neben der Gesamtwohlfahrt als Maß für den Nutzen der Auktionsteilnehmer sind die zu leistenden Vickrey-Zahlungen von Interesse. Die Gesamtwohlfahrt addiert nur die maximalen Nutzen der Bieter. Der individuelle Nutzen ergibt sich aus der Differenz dieses Maximalwertes (des Gebotswertes) und der zu leistenden Vickrey-Zahlung zur Erlangung des Maximalnutzens. Dabei muss aber stets daran gedacht werden, dass durch die Eigenschaft der Anreizkompatibilität (Abschnitt 5.2.1) sichergestellt wird, dass die Zahlungen eines Bieters immer kleiner oder gleich dem gewonnenen Nutzen ist, der individuelle Nutzen also nie negativ wird.

Stehen soviel Zeitfenster und Abfertigungstore zur Verfügung, dass das Maximalgebot jedes Bieters akzeptiert werden kann, so entstehen logischerweise keinerlei Vickrey-Zahlungen, da jeder das seinem individuellen Nutzen entsprechende Zeitfenster erhalten hat. Betrachtet man die durchschnittlichen Vickrey-Zahlungen pro Experiment, so zeigt sich ein Verlauf, der analog zur Entwicklung der Steigerungsraten der Gesamtwohlfahrt verläuft (Abbildung 6.10).

Allgemein kann festgehalten werden, dass die Vickrey-Zahlungen ansteigen, je höher die Konkurrenz um bestimmte Güter ist. Konkurrenz entsteht, wenn das Angebot an Gütern reduziert wird, also weniger Zeitfenster an weniger Toren zur Verfügung stehen. Andererseits entsteht Konkurrenz durch eine gesteigerte Nachfrage, also wenn mehr Auktionsteilnehmer auf die selbe Anzahl Zeitfenster bieten. Weiterhin nimmt die Gebotsstruktur Einfluss auf die Höhe der Vickrey-Zahlungen. So steigen die durchschnittlichen Vickrey-Zahlungen ebenfalls an, wenn bestimmte Zeitfenster verstärkt nachgefragt werden. Abbildung 6.11 zeigt die durchschnittlichen Vickrey-Zahlungen für die gleichen Experimente, die in Abbildung 6.10 zu Grunde lagen, jedoch mit veränderten Geboten. Dabei wurden jeweils die Gebote für Zeitfenster des ersten Tagesdrittels verdoppelt, um einer verstärkten Nachfrage der morgendlichen Zeitfenster abzubilden (Gebotsstruktur 3). Zu beobachten ist, dass noch bei 10 und 15 zur Verfügung stehenden Abfertigungstoren Vickrey-Zahlungen zu leisten sind und erst sehr spät von allen Bietern das maximale Gebot akzeptiert wurde.

Tabelle 6.6 stellt abschließend weitere Resultate bezüglich der Gesamtwohlfahrten und Vickrey-Zahlungen der durchgeführten Experimente zusammenfassend dar. Die Ergebnisse bestätigen die bisher beschriebenen Verläufe, es werden daher aus Gründen der Übersichtlichkeit nicht die Resultate aller Experimente aufgeführt.

Bieter	Zeit-fenster	G1 G^*	G2 G^*	G3 G^*	G1 $\oslash Z^{VCG}$	G2 $\oslash Z^{VCG}$	G3 $\oslash Z^{VCG}$
5	12	2877	9004	14108	0	0	0
10	12	6631	17516	26008	0	0	848
20	12	14833	34481	46007	171	0	533
35	12	21039	50639	64909	440	1500	1799
5	18	3369	9289	15460	0	0	0
10	18	8454	18209	28748	0	0	34
20	18	16730	35708	52276	14	0	866
35	18	27974	61428	82350	69	86	577
5	36	5172	10174	15862	0	0	0
10	36	9829	20326	34488	0	0	0
20	36	19486	40624	61903	0	0	67
35	36	36113	70460	108698	2	0	856

Fortsetzung nächste Seite

		Fortsetzung					
Bieter	Zeit-fenster	G1 $G*$	G2 $G*$	G3 $G*$	G1 $\oslash Z^{VCG}$	G2 $\oslash Z^{VCG}$	G3 $\oslash Z^{VCG}$
5	72	5263	10597	18648	0	0	0
10	72	10875	22112	40170	0	0	0
20	72	22759	42276	78660	0	0	0
35	72	39458	75875	138082	0	0	180
5	12	2877	8355	14180	0	0	0
10	12	6122	17092	25375	0	78	808
20	12	12769	30977	39030	379	862	1348
35	12	14888	33050	42366	610	1484	1999
5	18	3544	9363	15818	0	0	0
10	18	8497	18415	30321	0	0	237
20	18	16438	35876	51096	172	0	1246
35	18	23804	50497	66635	520	1511	2022
5	36	5172	10174	15157	0	0	0
10	36	9829	20290	32425	0	0	0
20	36	18364	40670	67944	2	0	629
35	36	33759	69951	103297	88	27	975
5	72	5263	10597	18648	0	0	0
10	72	10762	22112	38992	0	0	0
20	72	23435	42729	79500	81	0	6
35	72	39752	75728	134219	246	0	1078
5	12	2530	8355	11999	0	0	0
10	12	5345	16856	23836	20	133	899
20	12	8807	24737	32871	599	1156	1463
35	12	10431	25298	33989	656	1414	2189
5	18	3474	9363	14954	0	0	0
10	18	8065	17677	26609	0	0	153
20	18	14931	33963	46718	324	679	1251
35	18	17698	38174	51517	734	1606	2277
5	36	5172	10174	16018	0	0	0
10	36	9792	19696	31718	0	0	10
20	36	19324	39524	60543	19	0	969
35	36	34180	68677	93071	95	20	1513
5	72	5263	10597	18648	0	0	0
10	72	10359	22112	35998	0	0	0
20	72	22683	42814	75176	0	0	129
35	72	38934	76190	123889	3	0	943

Tabelle 6.6: Übersicht der Gesamtwohlfahrten (G*) und durchschnittlichen Vickrey-Zahlungen ($\oslash Z^{VCG}$), jeweils angegeben in Euro für weitere Experimente (Servicezeit 3, 5 Abfertigungstore).

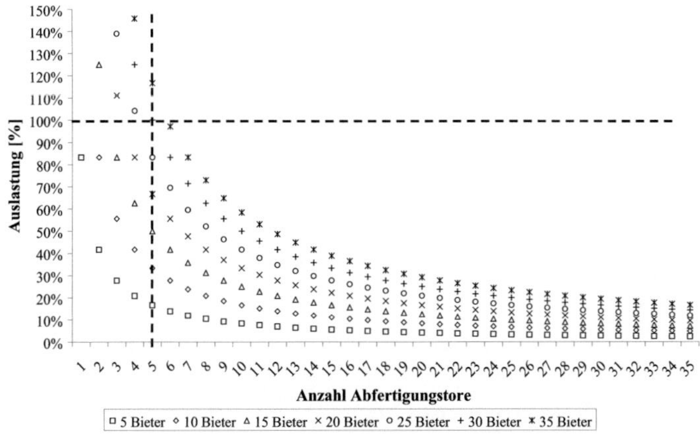

Abbildung 6.9: Verlauf der Auslastung des CDZ in Abhängigkeit der verfügbaren Abfertigungstore für unterschiedliche Anzahl Bieter: Stets wurden zwei Zeitfenster pro Bieter benötigt, pro Tor stehen 12 Zeitfenster zur Verfügung. Erst ab fünf verfügbaren Abfertigungstoren sinkt die Auslastung generell unter 100%, d. h. alle Bieter bekommen garantiert ein Zeitfenster.

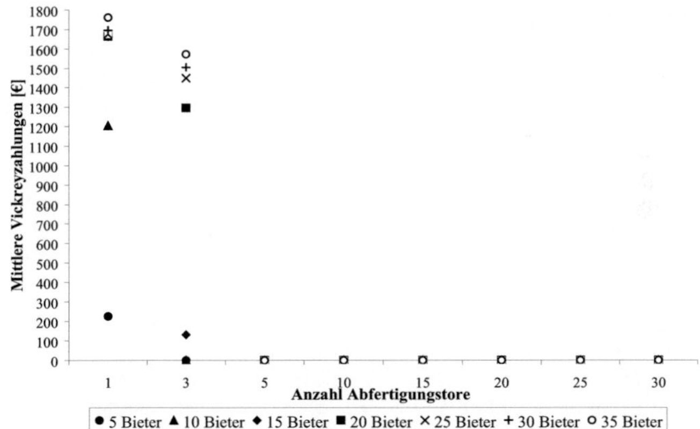

Abbildung 6.10: Entwicklung der durchschnittlichen Vickrey-Zahlungen in Abhängigkeit der verfügbaren Abfertigungstore für unterschiedliche Anzahl Bieter: Ab 5 Abfertigungstoren werden keine Zahlungen mehr geleistet, da bereits alle ein optimales Zeitfenster haben.

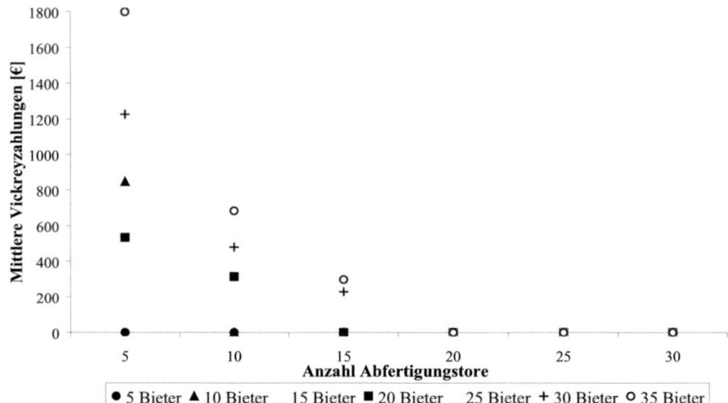

Abbildung 6.11: Entwicklung der durchschnittlichen Vickrey-Zahlungen für Gebotsstruktur 3: Noch bei 15 Abfertigungstoren sind Zahlungen zu leisten, da alle Bieter Zeitfenster im ersten Tagesdrittel bevorzugen.

Auswirkung der Reservierungspreise

Wie in Abschnitt 5.2.4 beschrieben, hat der Auktionator, also der Betreiber des Crossdocking-Zentrums, die Möglichkeit, bestimmte Zeitfenster mit Reservierungspreisen zu belegen. Dadurch können z. B. zuschlagspflichtige Zeitfenster (früh morgens oder spät abends) nur dann zur Allokation frei gegeben werden, wenn die entstehenden Mehrkosten durch den Nutzen eines Bieters überkompensiert werden können.

Abbildung 6.12 zeigt das Verhalten der Allokationslösung bei der Einführung von Reservierungspreisen. Für ein Experiment mit 35 Bietern, 10 Abfertigungstoren und 18 Zeitfenstern wurden zwei exemplarische Varianten von Reservierungspreisen eingeführt und zwar zunächst für die ersten beiden, dann für die ersten drei und die letzten beiden Zeitfenster. Es wurde ein Reservierungspreis von 2000 EUR angesetzt, so dass die reservierten Zeitfenster nur dann belegt werden durften, wenn das abgegebene Gebot höher als 2000 EUR war. Zu Grunde lag Gebotsstruktur 3, in der alle Bieter die ersten Zeitfenster des Tages erhöht nachfragen. Gut zu erkennen ist die Konzentration der Zeitfenster. Während im Fall (a) noch 14 Ankünfte innerhalb der ersten beiden Zeitfenster zu beobachten waren, waren es im Fall (b) nur noch 10. Im Fall (c) wurde zusätzlich die Ankünfte am Ende der Planungsperiode vermieden, so dass sich eine gleichmäßigere Belastung von insgesamt weniger Abfertigungstoren ergibt als im Fall (a). An diesem Beispiel lässt sich gut zeigen, dass durch die Verwendung von Reservierungspreisen der zeitliche Verlauf der Auslastung an den Abfertigungstoren sehr gut beeinflusst werden kann. Dies verbessert die Planung des Personaleinsatzes sowie die nachfolgenden Umschlagprozesse.

Darüberhinaus geschieht dies ohne Einbußen hinsichtlich der Kooperation, da die Zeitfenster nicht gesperrt, sondern dann alloziert werden, wenn es sich hinsichtlich der Gesamtwohlfahrt lohnt. Bezüglich der Rechenzeit müssen keine Nachteile in Kauf genommen werden, da sich diese nicht signifikant veränderte (Tabelle 6.7).

Bieter	Anzahl Tore	Service-zeit	Zeit-fenster	reservierte Zeitfenster	Gesamt-laufzeit [s]	$\oslash Z^{VCG}$ [EUR]
35	10	3	18	-	67,4	714
35	10	3	18	1, 2	72,9	614
35	10	3	18	1, 2, 3, 17, 18	73,1	558

Tabelle 6.7: Auswirkung von Reservierungspreisen auf die Laufzeit und durchschnittliche Vickrey-Zahlungen. Zugrunde liegt das Beispiel aus Abbildung 6.12

Ebenfalls festzustellen war eine Verringerung der durchschnittlichen Vickrey-Zahlungen (Tabelle 6.7). Da manche Bieter nun nicht mehr ihr gewünschtes Zeitfenster alloziert bekommen, weil ihr Gebot unter dem Reservierungspreis lag, ist paradoxerweise die Konkurrenz um diese Zeitfenster ebenso gesunken. Dies hat insgesamt niedrigere Vickrey-Zahlungen zur Folge, was sich selbstverständlich auch in den durchschnittlichen Zahlungen widerspiegelt.

6.3 Zusammenfassung und Fazit

In diesem Kapitel wurden die vorgestellten Verfahren zur operativen Steuerung von Crossdocking-Zentren mit Hilfe von Testdatensätzen evaluiert. Zunächst wurden Testdatensätze erzeugt, die eine unabhängige Bewertung der Verfahren zulassen. Hierfür wurde auf bereits bestehende Testinstanzen, wie sie für die Bewertung von Tourenplanungsverfahren bereits existieren, zurückgegriffen. Diese sogenannten Solomon-Testinstanzen wurden modifiziert, sodass sie alle notwendigen Information besitzen, um eine möglichst realistische Planungssituation im Rahmen der Warendistribution mittels Crossdocking abbilden zu können. Die Vorgehensweise zur Testdatengenerierung wurde beschrieben, ebenso wie die für jedes Steuerungsverfahren notwendige Versuchsplanung, um die zahlreichen Parameter systematisch hinsichtlich ihres Einflusses auf das Verfahren analysieren zu können.

Zunächst wurde das zentral-hierarchische Steuerungsverfahrens, bei dem alle logistischen Prozesse gleichzeitig optimiert werden, hinsichtlich seiner Leistungsfähigkeit untersucht. Die Ergebnisse der durchgeführten Experimente zeigen, dass das Verfahren, zumindest in seiner jetzigen Form, nicht für den operativen Einsatz geeignet ist. Die ermittelten Laufzeiten sind zwar für kleine Probleminstanzen kurz genug, jedoch konnten keine wirklich realitätsnahen Problemgrößen gelöst werden. Das Branch-an-Bound-Verfahren terminierte nicht in akzeptabler Zeit und auch intensive Veränderungen der verfahrensspezifischen Einstellungen, wie z.B. Symmetry Breaking oder Cutting Planes lieferten keine zufriedenstellenden Ergebnisse. Die enge Korrelation der Anzahl zu bedienender Kunden und Lieferanten und der Anzahl vorhandener Abfertigungstore mit der Rechenzeit verhinderte die Lösung größere Probleminstanzen.

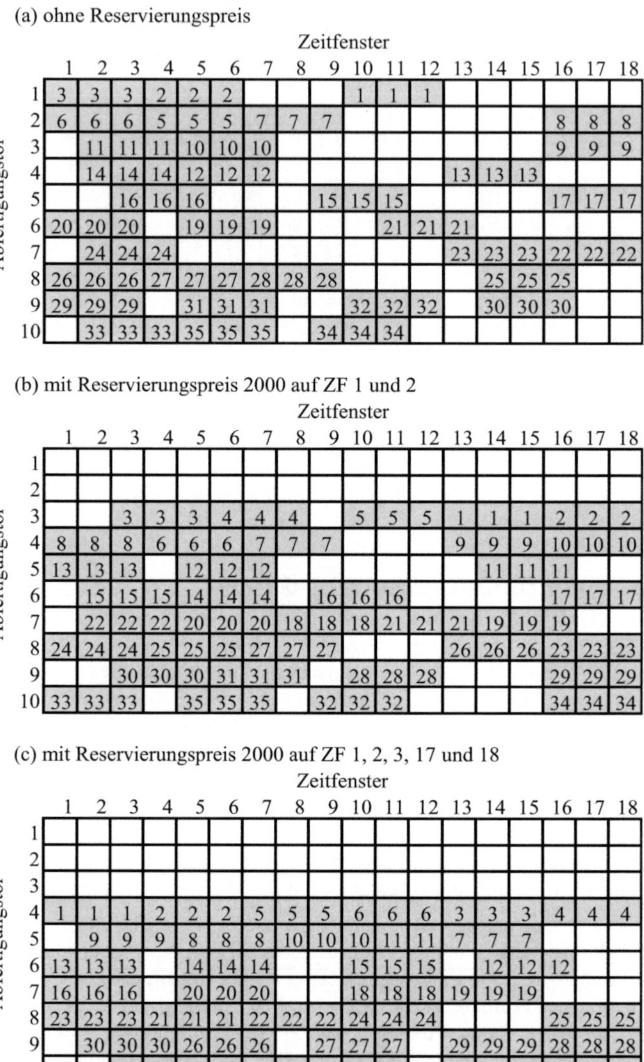

(a) ohne Reservierungspreis

Zeitfenster

Abfertigungstor	1	2	3	4	5	6	7	8	9	10	11	12	13	14	15	16	17	18
1	3	3	3	2	2	2				1	1	1						
2	6	6	6	5	5	5	7	7	7							8	8	8
3		11	11	11	10	10	10									9	9	9
4		14	14	14	12	12	12						13	13	13			
5			16	16	16				15	15	15					17	17	17
6	20	20	20		19	19	19				21	21	21					
7		24	24	24									23	23	23	22	22	22
8	26	26	26	27	27	27	28	28	28				25	25	25			
9	29	29	29		31	31	31			32	32	32		30	30	30		
10		33	33	33	35	35	35		34	34	34							

(b) mit Reservierungspreis 2000 auf ZF 1 und 2

Zeitfenster

Abfertigungstor	1	2	3	4	5	6	7	8	9	10	11	12	13	14	15	16	17	18
1																		
2																		
3			3	3	3	4	4	4		5	5	5	1	1	1	2	2	2
4	8	8	8	6	6	6	7	7	7				9	9	9	10	10	10
5	13	13	13		12	12	12						11	11	11			
6		15	15	15	14	14	14		16	16	16					17	17	17
7		22	22	22	20	20	20	18	18	18	21	21	21	19	19	19		
8	24	24	24	25	25	25	27	27	27				26	26	26	23	23	23
9			30	30	30	31	31	31		28	28	28				29	29	29
10	33	33	33		35	35	35		32	32	32					34	34	34

(c) mit Reservierungspreis 2000 auf ZF 1, 2, 3, 17 und 18

Zeitfenster

Abfertigungstor	1	2	3	4	5	6	7	8	9	10	11	12	13	14	15	16	17	18
1																		
2																		
3																		
4	1	1	1	2	2	2	5	5	5	6	6	6	3	3	3	4	4	4
5		9	9	9	8	8	8	10	10	10	11	11	7	7	7			
6	13	13	13		14	14	14			15	15	15		12	12	12		
7	16	16	16		20	20	20			18	18	18	19	19	19			
8	23	23	23	21	21	21	22	22	22	24	24	24				25	25	25
9		30	30	30	26	26	26		27	27	27		29	29	29	28	28	28
10			32	32	32	35	35	35	31	31	31		33	33	33	34	34	34

Abbildung 6.12: Auswirkung von Reservierungspreisen auf die Allokation: Dargestellt ist ein Experiment mit 10 Abfertigungstoren, 35 Bietern und 18 Zeitfenstern. (a) -(c) zeigen jeweils die Ergebnisse mit variierten Reservierungspreisen.

Dennoch konnte die in Kapitel 4 vorgestellte Modellierung, die alle relevanten logistischen Prozesse berücksichtigt, verifiziert werden und bildet somit eine Grundlage für weitere Arbeiten, die sich mit dem zentral-hierarchischen Planungsszenario (Abschnitt 3.5.1) beschäftigen. Relevante Forschungsrichtungen stellen andere exakte Verfahren dar, wie z. B. die Column Generation oder die dynamische Programmierung und natürlich auch die Entwicklung problemspezifischer Heuristiken auf Basis naturanaloger Verfahren oder des Tabu Search. Diese Verfahren haben sich insbesondere für Tourenplanungsprobleme als effizient erwiesen, und da die Planung der Sammel- und Verteilfahrten sich als kritisch hinsichtlich der Laufzeit erwiesen haben, liegt deren Anwendung in Bezug auf das CDSP nahe.

Im Gegensatz dazu, konnte das dezentral-heterarchische Verfahren Leistungswerte erzielen, die einen operativen Einsatz empfehlen. Bevor mit der eigentlichen Evaluierung des Auktionsmechanismus begonnen wurde, musste das Kostensenkungspotenzial quantifiziert werden. Hierfür wurde auf Basis einer generierten Testinstanz das Pick-up and Delivery Problem eines beliebigen LDL mehrfach gelöst. Bei jeder Lösung wurde das Zeitfenster, in dem die Lieferung am CDZ erfolgen muss um ein Inkrement verschoben, damit so die Auswirkung einer ungünstigen Zeitfensterwahl quantifiziert werden kann. Die Berechnungen haben ergeben, das durch eine effizientere Zeitfensterallokation ein Kostensenkungpotenzial von ca 20% erzielt werden kann.

Der für diese Zeitfensterauktion eingesetzte Vickrey-Clarke-Groves-Mechanismus hat keine Laufzeitprobleme gezeigt. Auch die größte generierte Testinstanz konnte in weniger als einer Stunde Rechenzeit gelöst werden, kleinere benötigten teilweise nur wenige Sekunden. Durch die beschriebenen Eigenschaften der Anreizkompatibilität und der individuellen Rationalität (Abschnitt 5.2.1) der Vickrey-Auktion wird dabei jedesmal sichergestellt, dass kein Bieter einen wirtschaftlichen Schaden erleidet. Die Experimente haben gezeigt, dass die zu leistenden Vickrey-Zahlungen schnell gegen Null gehen, wenn die Auslastung, also das Verhältnis von nachgefragten zu verfügbaren Zeitfenstern, sinkt. Das Verfahren stellt einen effizienten Allokationsmechanismus dar, der stets eine wohlfahrtsmaximierende Zuordnung von Zeitfenstern an den Abfertigungstoren vornimmt. So wurden auch Zeitfenster, die von CDZ-3PL mit Reservierungspreisen versehen wurden nicht komplett gesperrt, sondern dann alloziert, wenn der Nutzen eines Bieters die Mehrkosten durch z. B. Arbeitszeitzuschäge des CDZ-3PL kompensieren kann.

Als abschließendes Fazit bezüglich der Evaluierung der beiden vorgestellten Steuerungsverfahren kann festgehalten werden, dass sich die Koordination dezentraler Logistikprozesse mittels Auktionsmechanismen als leistungsfähiges Werkzeug erwiesen hat. So können die bereits jetzt schon kurzen Rechenzeiten zur Lösung des WDP und des Pricing noch weiter reduziert werden indem der Schritt des Pricings geeignet parallelisiert wird. Da die Berechnungen unabhängig voneinander sind können sie parallel auf verschiedenen Rechnern ausgeführt werden. Darüberhinaus stellt sich die Frage ob die Berechnung der Vickrey-Zahlungen tatsächlich sofort geschehen muss. Für die operative Planung der Lkw-Abfertigungen ist zunächst nur die Allokation der Zeitfenster selbst von Bedeutung. Die Berechnung der Vickrey-Zahlungen kann theoretisch auch zu einem späteren Zeitpunkt erfolgen.

Unabhängig von weiteren Reduktionen der Rechenzeit, welche durch den Einsatz geeigneter Heuristiken auch zweifelsfrei für das CDSP erzielt werden können, spricht die ausgeprägtere Realitätsnähe des dezentralen Planungsszenario für eine weitergehende Beschäftigung mit ökonomischen Koordinationsmechanismen. Sie fördern die kooperativen Aspekte moderner Supply Chains und unterstützen heterarchische Strukturen, in denen die Teilnehmer ihre Autonomie behalten. Darüber hinaus sind Auktionsmechanismen leicht zu implementieren und können sehr gut automatisiert werden. Dies ist wichtig für die Integration in bestehende IT-Systeme und damit ein weiterer positiver Aspekt der für den Einsatz dezentraler Verfahren.

7 Zusammenfassung

Crossdocking ist die zentrale Distributionstechnik im Rahmen des Efficient-Consumer-Response-Prinzips. Bei einem Crossdocking-Zentrum handelt es sich um einen bestandslosen Umschlagpunkt, bei dem die An- und Auslieferungen zeitlich und mengenmäßig so koordiniert werden, dass die ankommenden Waren direkt nach dem Eingang umsortiert und kundenbezogen auf die ausliefernden Transportmittel geladen werden können. Dabei entfallen die Prozesse der Lagerung und der Kommissionierung. Weiterhin kann dadurch eine höhere Auslastung der Transportmittel bei gleichzeitig erhöhter Anlieferfrequenz erzielt werden.

In der Praxis hat sich Crossdocking bereits etabliert, jedoch sind dem Autor keine wissenschaftlichen Arbeiten bekannt, die alle operativen Prozesse, die im Rahmen des Crossdocking auftreten, umfassend behandeln und in theoretisch fundierten Planungsverfahren berücksichtigen. So entstehen häufig insbesondere im operativen Ablauf Probleme, die in der Praxis zu Einbußen der Wirtschaftlichkeit führen oder eine weitere Verbreitung des Crossdocking-Konzepts gar verhindern.

Heutige Supply Chains sind von Kooperationen geprägt, allerdings existieren kooperative Planungsansätze bisher hauptsächliche für strategische Fragestellungen, wie z.B. der Netzwerkplanung oder der langfristigen Vergabe von Transportaufträgen. Jedoch sind gerade bei der Entwicklung operativer Planungs- und Steuerungsverfahren kooperative Aspekte von Bedeutung, da sie ein wesentlicher Faktor für die Gültigkeit und Umsetzbarkeit der vom Verfahren erzeugten Lösung sind.

In der vorliegenden Arbeit wurden zwei Verfahren vorgestellt, mit denen Crossdocking-Zentren operativ geplant und gesteuert werden können. Dabei wurden erstmals die vor- und nachgelagerten Transportprozesse in der Planung berücksichtigt, um den Nachteil lokaler Optimierungen zu überwinden. Die beiden Verfahren werden dabei aus zwei sich ergänzenden Szenarien motiviert, die einerseits einen zentral-hierarchischen Planungsansatz und andererseits einen dezentral-heterarchischen Planungsansatz nahe legen. Im Rahmen dieser Arbeit wurden zwei Annahmen in Planungansätzen als kritisch identifiziert: Die Annahme der definierten Umsetzungsmacht und der vollständigen Informationsverfügbarkeit.

Das erste Planungsszenario beschreibt die Situation, in der alle Prozesse von einem externen Logistikdienstleister, einem sogenannten 3PL, durchgeführt werden. Dieser besitzt erstens alle notwendigen Informationen um diese in einem einzigen Optimierungsproblem berücksichtigen zu können und zweitens die nötige Umsetzungsmacht, d.h. alle getroffenen Planungsentscheidungen werden hierarchisch weitergegeben und ausgeführt. Das zweite Planungsszenario unterscheidet sich dahingehend, dass diese Annahmen nicht mehr gegeben sind. An der operativen Umsetzung sind mehrere Logistikdienstleister beteiligt, wodurch die Umsetzungsmacht nicht mehr klar definiert ist. Weiterhin kann nicht mehr davon ausgegangen werden, dass alle planungsrelevanten Informationen vollständig vorliegen, da es sich dabei einerseits um sensitive Informationen wie Auftrags- und Kostenstrukturen der unabhängigen und u. U. konkurrierenden Unternehmen handelt und andererseits, da der Kommunikationsaufwand zur Bereitstellung aller Informationen sehr aufwendig wäre.

Im zentral-hierarchischen Verfahren werden alle planungsrelevanten Prozesse in einem einzigen gemischt-ganzzahligen Optimierungsproblem modelliert. Diese umfassen die Abholung der Waren von den Lieferanten, die Entladung der ankommenden Fahrzeuge am Crossdocking-Zentrum, den internen Warenumschlag selbst, die Beladung der ausliefernden Fahrzeuge sowie die Distribution der Waren zu den Kunden. Dabei ist das Ziel eine kostenminimale Lösung des formulierten Crossdocking Scheduling Problems (CDSP) zu finden. Die Modellierung dieses Problems wird im Detail vorgestellt und darüberhinaus Erweiterungsmöglichkeiten für weitere Anwendungsfälle beschrieben. Der Schwerpunkt liegt auf einer möglichst allgemeingültigen Modellierung aller Prozesse. Das angewendete Lösungsverfahren der impliziten Enumeration mittels Branch-and-Bound wird ebenso vorgestellt wie problemspezifische Anpassungen.

Das dezentral-heterarchische Verfahren hat das Ziel, die dezentral gefunden Lösungen der beteiligten Logistikdienstleister so zu koordinieren, dass ein für alle Parteien zufriedenstellender Plan erzeugt wird. Als Schnittstelle der dezentralen Planungen der Tourenplanung der anlieferndern Fahrzeuge und des internen Wareumschlags wurde die Torbelegungsplanung am Crossdocking-Zentrum identifiziert. Dieses Planungsproblem wurde als Ressourcenallokationsproblem interpretiert und der Einsatz ökonomischer Koordinationsmechanismen anhand von Beispielen aus der Literatur motiviert. Es wurde auf die zentralen Methoden der ökonomischen Koordination - der einfachen und kombinatorischen Auktionen - eingegangen und ihre Funktionsweisen erläutert. Im Mittelpunkt steht dabei nicht mehr die Optimalität einer Lösung, sondern deren Effizienz, also die Maximierung der summierten Nutzen aller Beteiligten, der sogenannten Gesamtwohlfahrt.

Dies wird im Falle des dezentral-heterarchischen Verfahrens mittels eines Vickrey-Clarke-Groves-Mechanismus zur effizienten Allokation begrenzter Ressourcen erreicht. Auktioniert werden Zeitfenster an den Abfertigungstoren des Crossdocking-Zentrums. Die Logistikdienstleister benötigen diese Zeitfenster zur Entladung ihrer Fahrzeuge. Sie geben Gebote auf gewünschte Zeitfenster ab und drücken dadurch die monetäre Auswirkung der Zeitfensterallokation auf ihre Tourenplanung aus. Dementsprechend werden Zeitfenster, die sich gut in bestehende Tourenpläne integrieren lassen, höher bewertet als andere.

Mittels des VCG-Mechanismus wird eine Zweitpreis-Auktion realisiert, d. h. der Auktionsgewinner bezahlt für ein Gut nicht die Höhe seines Gebotes, sondern nur soviel wie der zweithöchste Bieter bereit gewesen wäre, zu zahlen (sog. Vickrey-Zahlungen). Da in kombinatorischen Auktionen der Auktionsgewinner nicht trivial über eine Sortierung der abgegebenen Gebote bestimmt werden kann, muss ein ganzzahliges Optimierungsproblem gelöst werden, das Winner Determination Problem (WDP). Durch mehrfaches Lösen des WDP unter sukzessivem Ausschluss der Auktionsgewinner können dann die zu leistenden Vickrey-Zahlungen bestimmt werden.

Das im Rahmen der Torbelegungsplanung entstehende WDP wurde ebenso beschrieben wie einige Modellierungsalternativen für spezielle Anwendungsfälle. Zur Lösung des WDP wurde ebenfalls das Branch-and-Bound-Verfahren angewendet.

Die Evaluierung beider Verfahren hinsichtlich ihrer Leistungs- und Einsatzfähigkeit im operativen Planungsbereich bildet den Abschluss der Arbeit. Hierfür wurden zunächst Testdaten generiert, um einerseits eine objektive Beurteilung der Verfahren durchzuführen und um zukünftige wissenschaftliche Arbeiten zu diesem Thema vergleichbar machen zu können.

Die Experimente zur Lösung des CDSP haben gezeigt, dass das Verfahren - zumindest in der dargestellten Form - nur begrenzt zur Planung operativer Prozesse eingesetzt werden kann. Die Problemkomplexität nimmt mit zunehmender Anzahl zu bedienender Kunden so stark zu, dass das angewendete Branch-and Bound Verfahren sehr lange Rechenzeiten benötigt. Bereits kleine Probleminstanzen benötigen über eine Stunde, so dass ein direkter operativer Einsatz problematisch wird. Die Anwendung anderer Lösungsverfahren wie z.B. der Column Generation oder problemspezifischer Heuristiken stellt einen gute Ausgangspunkt für weitere Forschungsarbeiten zu diesem Thema dar. In Vorstudien, die im Rahmen dieser Arbeit angestrengt wurden, konnten mittels einer Tabu-Search Heuristik bereits Probleminstanzen von realitätsnaher Größe in akzeptabler Zeit gelöst werden.

Im Gegensatz dazu hat sich die Anwendung kombinatorischer Auktionen als sehr erfolgreich erwiesen und das dezentral-heterarchische Verfahren kann zur operativen Planung und Steuerung von CDZ eingesetzt werden. Insbesondere im Bereich niedriger Auslastung der Abfertigungstore, in dem eine einfache, schnelle Lösung des Zeitfensterallokationsproblems von Interesse ist, konnte der entwickelte VCG-Mechanismus überzeugen. Keine Experimente benötigten länger als eine Stunde, kleinere Instanzen konnten im Sekundenbereich gelöst werden. Der wesentliche Teil der Laufzeit wurde für die Berechnung der Vickreyzahlungen aufgewendet, so dass sich weitere wissenschaftliche Arbeiten insbesondere mit diesem Problem beschäftigen könnten. Eine geeignete Parallelisierung der Problemlösung stellt einen vielversprechenden Ansatz für weitergehende Arbeiten dar, z.B. durch den Einsatz von Parallelrechnern.

Literaturverzeichnis

Alicke, K. (2003). *Planung und Betrieb von Logistiknetzwerken*. Berlin, Heidelberg, New York:Springer-Verlag.

Apte, U. M. und S. Viswanathan (2000). Effective Cross Docking for Improving Distribution Efficiencies. *International Journal of Logistics: Research and Applications 3*(3), S. 291–302.

Arnold, D., H. Isermann und A. Kuhn (Hrsg.) (2002). *Handbuch Logistik*. Berlin, Heidelberg, New York, Barcelona, Hongkong, London, Mailand, Paris,Tokyo: Springer-Verlag.

Backhaus, K. und M. Meyer (1993). Strategische Allianzen und strategische Netzwerke. *Wirtschaftswissenschaftliches Studium 22*(7), S. 330–334.

Bajari, P. und A. Hortaçsu (2003). The Winner's Curse, Reserve Prices and Endogenous Entry: Empricial Insights from eBay Auctions. *RAND Journal of Economics 34*(2), S. 329–355.

Ball, M., T. Magnanti, C. Monma und G. Nemhauser (1995). *Network Routing*, Volume 8 of *Handbooks in Operations Research and Managment Science*. Amsterdam: North-Holland.

Bartholdi III., J. J. und K. R. Gue (2004, 05). The Best Shape for a Crossdock. *Transportation Science 38*(2), S. 235–244.

Bartholdi III., J. J., K. R. Gue und K. Kang (1999, 11). Reducing Labor Costs in an LTL Cross-docking Terminal. *Operations Research 48*(6), S. 823–832.

Bartholdi III., J. J., K. R. Gue und K. Kang (2001). Staging Freight in a Crossdock. In: *Proceedings of the International Conference on Industrial Engineering and Production Management*.

Beckmann, M. (1999). *Ökonomische Analyse deutscher Auktionen*. Dissertation, Universität Freiburg.

Bermudez, R. und M. H. Cole (2001). A Genetic Algorithm Approach to Door Assignments in Breakbulk Terminals. Forschungsbericht MBTC-1102, Mack-Blackwell Transportation Center, University of Arkansas, Fayetteville, Arkansas.

Bichler, M. (2003). eBusiness Analytics - Entscheidungsunterstützung in der Netzwerkökonomie. Beitrag zum Innovationsworkshop E-Business - Aus dem Labor in die Praxis, Stuttgart. Abgerufen am 11.02.06 von `http://www.iw.uni-karlsruhe.de/fgecommerce/archiv/`.

Blunck, S. (2005). *Modellierung und Optimierung von Hub-and-Spoke-Netzen mit beschränkter Sortierkapazität*. Dissertation, Universität Karlsruhe (TH).

Brandt, F. (2001). *Fundamental Aspects of Privacy and Deception in Electronic Auctions*. Dissertation, Technische Universität München.

Bretzke, W.-R. und M. Klett (2004). RFID ante portas - stirbt der Barcode aus? Abgerufen am 21.08.2005 von http://www.mylogistics.net/de/news/themen/key/news98922/jsp.

Busch, A. (2002). Integriertes Supply Chain Management - ein koordinationsorientierter Überblick. In: W. Dangelmaier (Hrsg.), *Integriertes Supply Chain Management*, S. 1–21. Wiesbaden: Gabler-Verlag.

Cardeneo, A. (2005). *Modellierung und Optimierung des B2C-Tourenplanungproblems mit alternativen Lierferorten und -zeiten*. Dissertation, Universität Karlsruhe (TH).

Chmielewski, A. und U. Clausen (2005). Entwicklung eines Dispositionsleitstandes zur Bestimmung optimaler Torbelegungen in Stückgutspeditionsanlagen. Logistics Journal. Abgerufen am 18.01.06 von http://www.logisticsjournal.com.

Clarke, E. H. (1971). Multipart pricing of public goods. *Public Choice 11*(1), S. 17–33.

Clarke, G. und J. Wright (1964). Scheduling of Vehicles from a Central Depot to a Number of Delivery Points. *Operations Research 12*(4), S. 568–581.

Codato, G. und M. Fischetti (2003). Combinatorial Benders' Cuts. Forschungsbericht, Department of Information Engineering, University of Padua.

Conen, W. (2003). *Kombinatorische Ressourcenallokation mit ökonomischen Koordinationsmechanismen*. Dissertation, Universität Duisburg-Essen.

Cramton, P., Y. Shoham und R. Steinberg (Hrsg.) (2006). *Combinatorial Auctions*. MIT Press.

de Jong, C., G. Kant und A. van Vliet (1996). On Finding Minimal Route Duration in the Vehicle Routing Problem with Multiple Time Windows. Forschungsbericht, Department of Computer Science, Utrecht University, Holland.

de Vries, S. und R. V. Vohra (2003). Combinatorial Auctions: A Survey. *INFORMS Journal on Computing 15*(3), S. 284–309.

de Vries, S. und R. V. Vohra (2004). Design of Combinatorial Auctions. In: D. Simchi-Levi, S. D. Wu, und Z.-J. Shen (Hrsg.), *Handbook of Quantitative Supply Chain Analysis*, Chapter 6, S. 247–292. Kluwer Academic Publishers.

Donaldson, H., E. L. Johnson, H. D. Ratliff und M. Zhang (1999). Schedule-Driven Cross-docking Networks. Research paper, TLI, Georgia Institute of Technologie, Atlanta, Georgia, USA.

Dumas, Y., J. Desrosiers und F. Soumis (1991). The pickup and delivery problem with time windows. *European Journal of Operational Research 54*(2), S. 7–22.

Elendner, T. (2003). *Winner Determination in Combinatorial Auctions: Market-based Scheduling*. Dissertation, Christian-Albrechts-Universität zu Kiel.

Erdmann, M. (1999). *Konsolidierungspotentiale von Speditionskooperationen: Eine simulationsgestützte Analyse*. Dissertation, Universität Köln.

Fahle, T., S. Schamberger und M. Sellmann (Hrsg.) (2001). *Symmetry Breaking*, Proceedings of the 7th intern. Conference on the Principles and Practice of Constraint Programming, Paphos, Cyprus. Springer-Verlag.

Frese, E. und T. Beecken (1995). Dezentrale Unternehmensstrukturen. In: *Hanndbuch Unternehmensführung. Konzepte, Instrumente, Schnittstellen*, S. 133–145. Hans Corsten and Michael Reiß.

Gabouj, S. H. und S. Damoul (2003, 12). A Hybrid Evolutionary Approach for a Vehicle Routing Problem with Double Time Windows for the Depot and Multiple Use of Vehicles. *Studies in Informatics and Control 12*(4), S. 253–268.

Garey, M. R. und D. S. Johnson (1979). *Computers and Intractability: A Guide to the Theory of NP-Completeness*. New York: W.H. Freeman and Company.

Gümus, M. und J. H. Bookbinder (2004). Cross-Docking and its Implications on Location-Distribution Systems. *Journal of Business Logistics - Council of Logistics Managment 25*(2), S. 199–228.

Gomber, P., C. Schmidt und C. Weinhardt (1997). Elektronische Märkte für die dezentrale Transportplanung. *Wirtschaftsinformatik 39*(2), S. 137–145.

Gomber, P., C. Schmidt und C. Weinhardt (1999). Efficiency, Incentives and Computational Tractability in MAS-Coordination. *International Journal of Cooperative Information Systems 8*(1), S. 1–14.

Gomber, P., C. Schmidt und C. Weinhardt (2000). Pricing in Multiagent Systems for Transport Planning. *Journal of Organizational Computing and Electronic Commerce 10*(4), S. 271–280.

Gorodetski, V., O. Karsev und V. Konushy (2003). Multi-Agent System for Resource Allocation and Scheduling. In: *CEEMAS 2003,LNAI 2691*, S. 236–246.

Groll, M. (2004). *Koordination im Supply Chain Management - Die Rolle von Macht und Vertrauen*. Dissertation, Wissenschaftliche Hochschule für Unternehmensführung (WHU), Vallendar.

Groves, T. (1973). Incentives in teams. *Econometrica 41*(4), S. 617–631.

Gudehus, T. (2000). *Logistik 2 - Netzwerke, Systeme und Lieferketten*. Berlin, Heidelberg, New York: Springer-Verlag.

Gue, K. R. (1999, 11). The Effects of Trailer Scheduling on the Layout of Freight Terminals. *Transportation Science 33*(4), S. 419–443.

Gue, K. R. (2001). Crossdocking: Just-In-Time for Distribution. Working paper, Graduate School of Business & Public Policy Naval Postgraduate School, Monterey, USA.

Gue, K. R. und K. Kang (2001). Staging Queues in Material Handling and Transportation Systems. In: *Proceedings of the 2001 Winter Simulation Conference*.

Hentenryck, P. V. (2002). Constraint and Integer Programming in OPL. *INFORMS Journal of Computing 14*(4), S. 345–372.

Hochstättler, W., C. Mues und P. Oertel (2000, 09). Algorithmen für Speditionsrouting-probleme mit Umlademöglichkeit. Forschungsbericht Report No. 00.396, Angewand-te Mathematik und Informatik - Universität zu Köln, Germany.

Jackson, C. L. (1976). *Technology for Spectrum Markets*. Dissertation, Departement of Electrical Engineering, MIT, Cambridge, MA.

Kalagnanam, J. und D. C. Parkes (2004). Auctions, Bidding and Exchange Design. In: D. Simchi-Levi, S. D. Wu, und Z.-J. Shen (Hrsg.), *Handbook of Quantitative Supply Chain Analysis*, Chapter 5, S. 143–245. Kluwer Academic Publishers.

Karp, R. (1972). Reducibility among combinatorial problems. In: R. Miller und J. That-cher (Hrsg.), *Complexity of Computer Computations*, S. 85–113. Plenum Press.

Knill, B. (2000). Crossdocking gets smarter. *Material Handling Management 55*(6), S. 91–96.

Kotzab, H. (1996). *Neue Konzepte der Distributionslogistik von Handelsunternehmen*. Dissertation, Wirtschaftsuniversität Wien, Abteilung für Handel und Marketing.

Kotzab, H. (1999). Improving supply chain performance by efficient consumer response? A critical comparison of existing ECR approaches. *Journal of Business & Industrial Marketing 14*(5/6), S. 364–377.

Krishna, V. (2002). *Auction Theory*. Academic Press, San Diego.

LaLonde, B. J. und J. M. Masters (1994). Emerging Logistics Strategies: Blueprints for the next century. *International Journal of Physical Distribution & Logistics Manage-ment 24*(7), S. 35–47.

Leyton-Brown, K., Y. Shoham und M. Tennenholtz (2000). An Algorithm for Multi-Unit Combinatorial Auctions. Forschungsbericht, Computer Science Department, St-anford University, Stanford. Abgerufen am 18.01.06 von `http://www.cs.ubc.ca/~kevinlb/publications.html`.

Li, Y., A. Lim und B. Rodrigues (2004, 07). Crossdocking - JIT scheduling with time windows. *Journal of Operational Research Society 10*(1057), S. 1–10.

Lilge, H.-G. (1981). Zum Koordinationsproblem. Ansätze zu einem organisatorisch-strukturellen Bedinungsrahmen von Kooperationen un Konkurenz. In: *Kooperation un Konkurrenz in Organisationen*. v. Grunwald.

Lillig, G., J.-H. Wille und R. Bruns (2005, März). Ein Kommen und Gehen. *Logistik Heute 3*(3), S. 30–31.

Linderoth, J. T. und M. W. P. Savelsbergh (1997). A computational study of search strate-gies for mixed integer programming. Technical Report LEC-97-12, Georgia Institute of Technology.

Logistics Management (1997). Cross-docking software: Ready or not? *Logistics Mana-gement 36*(10), S. 56–60.

Logistik inside (2002). Voll im Trend: Cross Docking. *LOGISTIK inside 04*, S. 24–26.

Martin, A. (2001). General Mixed Integer Programming: Computational Issues for Branch-and-Cut Algorithms. Technical Report LNCS 2241, Darmstadt University of Technology, Department of Mathematics, Darmstadt.

McAfee, R. P. und J. McMillan (1987). Auctions and Bidding. *Journal of Economic Literature 25*(2), S. 699–738.

Metro MGL (2002, 06). Ganzheitliche Handelslogistik - Innovation in der Supply Chain durch einen Internal 4PL. Abgerufen am 18.01.06 von `http://www.metrogroup.de`.

Milligan, B. (2002, 11). Third-party logistics providers told to 'get to the Net'. Abgerufen am 18.01.06 von `http://www.manufacturing.net/pur/article/CA139274.html`.

Napolitano, M. (2000). *Making the Move to Cross Docking: A practical guide to planning, designing, and implementing a cross dock operation*. Warehousing Education and Research Council, Gross & Associates.

Neumann, K. (1996). *Produktions- und Operationsmanagement*. Berlin: Springer.

Neumann, K. und M. Morlock (2002). *Operations Research* (2 Aufl.). München, Wien: Hanser-Verlag.

Nisan, N. (2000). Bidding and allocation in combinatorial auctions. Forschungsbericht, Institute of Computer Science, Hebrew University, Jerusalem. Abgerufen am 18.01.06 von `http://www.cs.huji.ac.il/~noam/mkts.html`.

Nisan, N. und A. Ronen (2000). Computationally feasible VCG mechanisms. In: *Proceedings of the 2nd ACM Conference on Electronic Commerce : Minneapolis, Minnesota, October 17 - 20, 2000 / EC'00*, S. 242–252.

Ottosson, G. (2000). *Integration of Constraint Programming and integer programming for combinatorial optimization*. Dissertation, Uppsala University, Information Technologie Computer Science Department, Uppsala.

Pankratz, G. (2002). *Speditionelle Transportdisposition - Modell- und Verfahrensentwicklung unter Berücksichtigung von Dynamik und Fremdvergabe*. Dissertation, FernUniversität Hagen.

Pankratz, G. (2003). Zweiseitige kombinatorische Auktionen in elektronischen Transportmärkten - Potenziale und Probleme. Forschungsbericht 351, FernUniversität Hagen, Fachbereich Wirtschaftswissenschaft, Hagen. Abgerufen am 18.01.06 von `http://www.fernuni-hagen.de`.

Pankratz, G. und H. Kopfer (1998). Das Groupage-Problem kooperierender Verkehrsträger. In: *Kall, P.; Lüthi, H.-J. (Hrsg.): Operations Research Proceedings 1998*, Berlin, Heidelberg, New York, London, Paris, Tokyo. Springer-Verlag. Abgerufen am 18.01.06 von `http://www.fernuni-hagen.de`.

Pankratz, G. und H. Kopfer (1999). Analyse kombinatorischer Auktionen für ein Multi-Agentensystem zur Lösung des Groupage-Problems kooperierender Speditionen. In: *Inderfurth, K. et al.: Operations Research Proceedings 1999*, Berlin, Heidelberg, New

York, London, Paris, Tokyo, S. 443–448. Springer. Abgerufen am 18.01.06 von `http://www.fernuni-hagen.de`.

Park, K. (2000). Optimizing Storage Locations for Transshipment Inventories. Thesis, Pusan National University, Pusan.

Parkes, D. C. (1999). iBundle: An Efficient Ascending Price Bundle Auction. Forschungsbericht, Computer and Information Science Departement, University of Pennsylvania.

Parkes, D. C. (2000). An Iterative Generalized Vickery Auction: Strategy Proofness without Complete Revelation. Forschungsbericht, University of Pennsylvania.

Parkes, D. C. (2005). Auction design with costly preference elicitation. *Annals of Mathematics and Artificial Intelligence 44*(269-302).

Pinedo, M. (2001). *Scheduling. Theory, Algorithms, and Systems* (2 Aufl.). Prentice Hall.

Rassenti, S. J., V. L. Smith und R. L. Bulfin (1982). A combinatorial auction mechanism for airport timeslot allocation. *Bell Journal of Economics 13*(2), S. 402–417.

Ratliff, H., J. V. Vate und M. Zhang (1999). Network Design for Load-driven Cross-docking Systems. Research paper, TLI, Georgia Institute of Technologie, Atlanta, Georgia, USA.

Ripperger, T. (1997). *Ökonomik des Vertrauens : Analyse eines Organisationsprinzips.* Dissertation, Universität München.

Rodošek, R., M. G. Wallace und M. T. Hajian (1999). A new approach to integrating Mixed Integer Programming and constraint logic programming. *Annals of Operations Research 86*, S. 63–87.

Roth, A. E. und A. Ockenfels (2002). Last-Minute Bidding and the Rules for Ending Second-Price Auctions: Evidence from eBay and Amazon Auctions on the Internet. *American Economic Review 92*(4), S. 1093–1103. Abgerufen am 18.01.06 von `http://kuznets.fas.harvard.edu/~aroth/alroth.html`.

Sandholm, T. (2002). Algorithm for Optimal Winner Determination in Combinatorial Auctions. *Artificial Intelligence 135*, S. 1–54.

Sandhom, T. und S. Suri (2001). Side Constraints and Non-Price Attributes in Markets. IJCAI-2001 Workshop on Distributed Constraint Reasoning, Seattle, WA. Abgerufen am 18.01.06 von `http://www.cs.cmu.edu/~sandholm/`.

Savelsberg, M. und M. Sol (1995). The general pickup and delivery problem. *Transportation Science 29*, S. 17–29.

Schaffer, B. (2000). Implementing a Successful Crossdocking Operation. *Material Handling 54*(3), S. 128–135.

Scheffler, E. (1997). *Statistische Versuchsplanung und -auswertung : eine Einführung für Praktiker*, Volume 3. neu bearbeitet und erweiterte Auflage. Deutscher Verlag für Grundstoffindustrie.

Schulte, C. (1999). *Logistik: Wege zur Optimierung des Material- und Informationsflusses.* München: Vahlen-Verlag.

Seifert, D. (2003). *Collaborative Planning, Forecasting, and Replenishment: How to Create a Supply Chain Advantage.* AMACOM.

Sellmann, M. (2002). *Reduction Techniques in Constraint Programming and Combinatorial Optimization.* Dissertation, Universität Paderborn, Paderborn.

Simchi-Levi, D., P. Kaminsky und E. Simchi-Levi (2000). *Designing and Managing the Supply Chain.* Hamburg, New York, London, Paris, Tokio: McGraw-Hill.

Simchi-Levi, D., S. Wu und Z.-J. Shen (2004). *Handbook of Quantitative Supply Chain Analysis: Modelling in the E-business Era.* Kluwer Academic Publishers Group.

Solomon, M. M. (1987, 04). Algorithms for the Vehicle Routing and Scheduling Problem with Time Windows Constraints. *Operations Research 35*(2), S. 254–265.

Stickel, M., J. Darger und K. Furmans (2005). Vehicle Routing with regard to traffic prognosis and congestion probabilities. In: A. Jaskiewics, M. Kaczmarek, J. Zak, und M. Kubiak (Hrsg.), *Advanced OR and AI Methods in Transportation*, S. 780–786. Publishing House of Poznan Univeristy of Technology.

Stickel, M. und K. Furmans (2005a). An Optimal Contol Policy for Crossdockingterminals. In: H.-D. Haasis, H. Kopfer, und J. Schönberger (Hrsg.), *Operations Research Proceedings 2005*, S. 79–84. Springer-Verlag.

Stickel, M. und K. Furmans (2005b). A web-based support tool to coordinate logistic activities in dense populated areas using auctions. In: C. Brebbia und L. Wadhwa (Hrsg.), *Urban Transport XI*, S. 601–607. Wit-Press.

Stickel, M. und M. Schleyer (2004). Forschungsprojekt OVID - Technischer Bericht 2/2004 - Planung und Steuerung logistischer Prozesse innerhalb selbstorganisierender Verkehrssysteme. Forschungsbericht, Institut für Fördertechnik und Logistiksysteme, Universität Karlsruhe (TH).

Stickel, M., M. Schleyer und K. Furmans (2004). Simulative Untersuchung der Auswirkung von stochastischen Verkehrssystemen auf logistische Prozesse. In: K. Mertins und M. Rabe (Hrsg.), *Experiences from the Future*, S. 65–75. Fraunhofer IRB-Verlag.

Sucky, E. (2003). *Koordination in Supply Chains - Spieltheoretische Ansätze zur Ermittlung integrierter Bestell- und Produktionspolitiken.* Dissertation, Universität Frankfurt a.M.

Sung, C. S. und S. H. Song (2003). Integrated service network design for a cross-docking supply chain. *Journal of the Operational Research Society 54*, S. 1283–1295.

Swoboda, B. und D. Morschett (2000). Cross Docking in der Konsumgüterindustrie. *Wirtschaftswissenschaftliches Studium 6*, S. 331–334.

Taillard, E., P. Badeau, M. Gendreau, F. Guertin und J.-Y. Potvin (1997, 05). A Tabu Search Heuristik for the Vehicle Routing Problem with Soft Time Windows. *Transportation Science 31*(2), S. 170–187.

Toth, P. und D. Vigo (2002). *The Vehicle Routing Problem.* SIAM Monographs on Discrete Mathematics and Applications. Philadelphia: SIAM.

Transportation and Distribution (2002). Cut the Crossdock Hype - Stop gloryfying cross-docking and start defining it. *Transportation and Distribution 43*(5), S. 56.

Tsui, L. und C.-H. Chang (1992). An Optimal Solution to a Dock Door Assignment Problem. *Computers and Industrial Engineering 23*(1-4), S. 283–286.

van den Berg, J. und W. Zijm (1999). Models for Warehouse Management: Classification and examples. *International journal of production economics 59*, S. 519–528.

van der Heydt, A. (1998). *Efficient Consumer Response (ECR)* (3 Aufl.). Frankfurt: Peter Lang Verlag.

Vickrey, W. (1961). Counterspeculation, Auctions and Competitive Sealed Tenders. *Journal of Finance 16*(1), S. 8–37.

Walsh, W. E. (2001). *Market Protocols for Decentralized Supply Chain Formation.* Dissertation, University of Michigan.

Weinhardt, C. und A. Schmalz (1998). Zentrale versus dezentrale Transportplanung. Abgerufen am 05.02.2006 von `http://www.iw.uni-karlsruhe.de/Publications/9808_Zentrale_versus_dezentrale.pdf`.

Wilken, V. (2006). *KGS - Unverbindliche Kostensätze für Gütertransport auf der Straße.* Düsseldorf: Verkehrs-Verlag Fischer.

Witt, C. E. (1997). Distribution Trio: WMS, Crossdocking and Third-Party Services. *Material Handling Engineering 52*(13), S. 61–62.

Witt, C. E. (1998). Crossdocking: Concepts Demand Choice. *Material Handling Engineering 53*(7), S. 44–50.

Zhao, Q. H., S. Y. Wang, K. K. Lai und G.-P. Xia (2002). A vehicle routing problem with multiple use of vehicles. *Advanced Modeling and Optimization 4*(3), S. 21–40.

Zäpfel, G. (2000). Supply Chain Management. In: H. Baumgarten, H.-P. Wiendahl, und J. Zentes (Hrsg.), *Logistik-Management*, S. 1–32. Springer.